Wissenschaftliche Taschenbücher
WTB

Mathematik · Physik

Hans Bandemer · Andreas Bellmann
Wolfhart Jung · Klaus Richter

Optimale Versuchsplanung

THEORIA CUM PRAXI

Akademie-Verlag · Berlin

WTB Wissenschaftliche Taschenbücher

GÜNTHER WAGNER / HANS KÜHMSTEDT
Pharmazeutische Chemie

ROLF SCHÖLLNER
Die Oxydation organischer Verbindungen mit Sauerstoff

ULRICH BEHRENS / MANFRED RINGPFEIL
Mikrobielle Polysaccharide

MARTIN FINKE / WALTER LEIPNITZ
Moderne Methoden der Erdölanalyse

ERICH GUNDERMANN
Chemie und Technologie des Braunkohlenteers

GERHARD KEMPTER
Struktur und Synthese von Vitaminen

FRIEDRICH JACOB
Bewegungsphysiologie der Pflanzen

HELLMUTH GÄBLER
Forstschutz

ALFRED PALISSA
Bodenzoologie in Wissenschaft, Naturhaushalt und Wirtschaft

LUDWIG SPANNHOF
Zellen und Gewebe der Tiere

JOACHIM RIEMER
Quantitative organische Mikroanalyse

ALFRED FRIESER
Mikrowellenmeßtechnik

HANS-WERNER NOLTE
Pflanzenschutz in der Landwirtschaft

WERNER HABERDITZL
Magnetochemie

HARRY PAUL
Lasertheorie, Teil I und II

D. TER HAAR
Quantentheorie

J. H. SANDERS
Die Lichtgeschwindigkeit

JEAN KUNTZMANN
Unendliche Reihen

JEAN KUNTZMANN
Systeme von Differentialgleichungen

JEAN KUNTZMANN
Komplexe Veränderliche

FERDINAND CAP
Einführung in die Plasmaphysik
I. Theoretische Grundlagen

FERDINAND CAP
Einführung in die Plasmaphysik
II. Wellen und Instabilitäten

FERDINAND CAP
Einführung in die Plasmaphysik
III. Magnetohydrodynamik

J. A. ROSANOW
Wahrscheinlichkeitstheorie

HARRY PFEIFER
Theorie linearer Bauelemente
Elektronik für den Physiker I

HARRY PFEIFER
Die Elektronenröhre
Elektronik für den Physiker II

HARRY PFEIFER
Schaltungen mit Elektronenröhren
Elektronik für den Physiker III

HARRY PFEIFER
Leitungen und Antennen
Elektronik für den Physiker IV

HARRY PFEIFER
Mikrowellenelektronik
Elektronik für den Physiker V

HARRY PFEIFER
Halbleiterelektronik
Elektronik für den Physiker VI

STEPHEN G. BRUSH
Kinetische Theorie, Teil I und II

EBERHARD HOFMANN
Eiweiße und Nucleinsäuren als biologische Makromoleküle
Dynamische Biochemie, Teil I

EBERHARD HOFMANN
Enzyme und energiebereitstellende Reaktionen des Stoffwechsels
Dynamische Biochemie, Teil II

EBERHARD HOFMANN
Der Stoffwechsel lebendiger Systeme und seine Regulation
Dynamische Biochemie, Teil III

EBERHARD HOFMANN
Grundlagen der Molekularbiologie und Regulation des Zellstoffwechsels
Dynamische Biochemie, Teil IV

HERBERT GOERING
Elementare Methoden zur Lösung von Differentialgleichungsproblemen

PETER KRUMBIEGEL
Isotopieeffekte

D. M. BRINK
Kernkräfte

DIETER ONKEN
Steroide

DIETER KLAUA
Elementare Axiome der Mengenlehre
Einführung in die Allgemeine Mengenlehre I

GÜNTER TEMBROCK
Grundlagen der Tierpsychologie

J. F. VINSON
Optische Kohärenz in der klassischen Theorie und in der Quantentheorie

W. R. HINDMARSH
Atomspektren

GÜNTER TEMBROCK
Biokommunikation
Informationsübertragung im biologischen Bereich
Teil I und II

DIETER MERKEL
Riechstoffe

JOHN CUNNINGHAM
Vektoren

ERNST SCHMUTZER
Symmetrien und Erhaltungssätze der Physik

GERHARD LERCH
Pflanzenökologie

MICHAEL GÖSSEL
Angewandte Automatentheorie, Band I

MICHAEL GÖSSEL
Angewandte Automatentheorie, Band II

HEINRICH KINDLER
Der Regelkreis

A. R. KESSEL
Akustische Kernresonanz

WOLFRAM BRAUER / HANS-WALDEMAR STREITWOLF
Theoretische Grundlagen der Halbleiterphysik

HARRY PAUL
Nichtlineare Optik, Teil I und II

DIETER KLAUA
Grundbegriffe der axiomatischen Mengenlehre, Teil 1 und 2
Einführung in die Allgemeine Mengenlehre II

E. G. GOLSTEIN
Konvexe Optimierung

EBERHARD TEUSCHER
Pharmakognosie, Teil I und II

SIEGFRIED HAUPTMANN
Über den Ablauf organisch-chemischer Reaktionen

A. S. SONIN / B. A. STRUKOW
Ferroelektrizität

L. A. SKORNJAKOW
Elemente der Verbandstheorie

HANS-MARTIN BARCHET
Chemie photographischer Prozesse

R. A. R. TRICKER
Frühe Elektrodynamik

N. D. SHEWANDROW
Polarisation des Lichtes

A. A. SMIRNOW
Metallphysik

VOLKER KEMPE
Theorie stochastischer Systeme

ROLF BORSDORF / MANFRED SCHOLZ
Spektroskopische Methoden in der organischen Chemie

KLAUS ODENING
Parasitismus

WOLFGANG PAULI
Vierpoltheorie und ihre Anwendung
auf elektronische Schaltungen

DIETER KLAUA
Kardinal- und Ordinalzahlen Teil 1 und 2
Einführung in die Allgemeine Mengenlehre III

R. A. R. TRICKER
Die Beiträge von Faraday und Maxwell zur Elektrodynamik

HANS DAWCZYNSKI
Temperaturbeständige Faserstoffe aus organischen Polymeren

HANS DAWCZYNSKI
Temperaturbeständige Faserstoffe aus anorganischen Polymeren

HELMUT FRIEMEL / JOSEF BROCK
Grundlagen der Immunologie

HORST KEHLEN / FRANK KUSCHEL / HORST SACKMANN
Grundlagen der chemischen Kinetik

HANS BERGNER
Tierernährung

MARTIN SCHMIDT
Pflanzenschutz im Gartenbau

GERALD WOLF
Neurobiologie

ULRICH SEDLAG
Biologische Schädlingsbekämpfung

WOLFGANG WAGNER
Chemische Thermodynamik

HANNELORE FISCHER / JOACHIM PIEHLER
Modellsysteme der Operationsforschung

ALBERT EINSTEIN
Grundzüge der Relativitätstheorie

ALBERT EINSTEIN
Über die spezielle und die allgemeine Relativitätstheorie

SIEGFRIED BREHMER
Einführung in die Maßtheorie

MICHAEL GÖSSEL
Wahrscheinlichkeitsautomaten und Zufallsfolgen

HANS-JÜRGEN TREDER
Elementare Kosmologie

PETER PAUFLER / DIETER LEUSCHNER
Kristallographische Grundbegriffe der Festkörperphysik

PAUL HOFFMANN
Photosynthese

DIETRICH BENDER / ERNST-EGON PIPPIG
Einheiten — Maßsysteme — SI

WOLFGANG MEILING
Kernphysikalische Elektronik

WERNER DÖPKE
Stereochemie organischer Verbindungen

ULRICH RÖSEBERG
Determinismus und Physik

I. S. SHELUDEW
Elektrische Kristalle

VOLKER KEMPE
Analyse stochastischer Systeme, Teil I

HARRY PFEIFFER
Schaltungen mit Transistoren
Elektronik für den Physiker VII

HANS BANDEMER / ANDREAS BELLMANN
WOLFHART JUNG / KLAUS RICHTER
Optimale Versuchsplanung

Vorschau auf die nächsten Bände:

ULRICH KAUSMANN / KLAUS LOMMATZSCH
FRANTIŠEK NOŽIČKA
Lineare parametrische Optimierung

WOLFGANG SCHÄFER
Theoretische Grundlagen der Stabilität technischer Systeme

REGINE WITKOWSKI / FALKO H. HERRMANN
Einführung in die klinische Genetik

DIETER KÖNIG / DIETRICH STOYAN
Methoden der Bedienungs- und Zuverlässigkeitstheorie

WTB

BAND 131

Hans Bandemer
Andreas Bellmann
Wolfhart Jung
Klaus Richter

Optimale Versuchsplanung

2., bearbeitete Auflage

Mit 4 Abbildungen und 18 Tabellen

AKADEMIE-VERLAG · BERLIN

Reihe MATHEMATIK UND PHYSIK

Verfasser:
Prof. Dr. rer. nat. habil. Hans Bandemer
Dr. rer. nat. Andreas Bellmann
Dr. rer. nat. Wolfhart Jung
Dr. rer. nat. Klaus Richter

1976

Lizenznummer: 202 · 100/418/76
Herstellung: VEB Druckhaus „Maxim Gorki“, 74 Altenburg
Bestellnummer: 761 780 9 (7131) · LSV 1074
Printed in GDR
EVP 8,–

Vorwort

Bereits im vorigen Jahrhundert beschäftigte man sich mit der Planung von Versuchen. Auch der Gedanke, diese Versuche optimal zu planen, stammt etwa aus dieser Zeit. So verwendete z. B. SMITH (vgl. SMITH [1]) das Kriterium der G-Optimalität. Seitdem hat sich die Theorie der optimalen Versuchsplanung kräftig entwickelt, besonders nach dem Erscheinen des grundlegenden Buches von R. A. FISHER (FISHER [1]).

Speziell in der Versuchsplanung für das Regressionsmodell gibt es gegenwärtig zwei Richtungen, als deren Hauptvertreter KIEFER und BOX angesehen werden können und die sich in der Auffassung des Problems und auch bei seiner Lösung stark unterscheiden.

Das vorliegende Taschenbuch soll eine Einführung in die Versuchsplanung für das Regressionsmodell sein. Eine Darstellung aller bisher in der Literatur behandelten Planklassen, ihrer Besonderheiten und Anwendungsgebiete würde den vorgegebenen Rahmen sprengen und muß einem umfangreichen Handbuch vorbehalten bleiben. Ebenfalls aus Platzgründen wurde auf die Angabe von Beweisen weitgehend verzichtet und dafür auf die jeweils angegebene Originalliteratur verwiesen. Die notwendige Beschränkung erlaubt aber eine ausführliche Behandlung der Methoden der Versuchsplanung und die Angabe einer Reihe für die Anwendung wichtiger Planklassen. Der Leser soll in die Lage versetzt werden, darüber hinaus in der Literatur vorkommende Pläne hinsichtlich ihrer Konstruktion und Optimalitätseigenschaften zu verstehen und problemgerecht anzuwenden. Bei der vorgenommenen Auswahl der Planklassen wird besonders die Entwicklung der Theorie in den 60er Jahren berücksichtigt. Es werden Pläne zur Schätzung der Regressionsparameter und zur Schätzung der Wirkungsfläche angegeben, wobei im Zusammenhang damit auch ein Verfahren zur Bestimmung eines Optimums der Wirkungsfläche erläutert wird. Weiterhin werden auch Pläne betrachtet, die eine Entscheidung über das Regressionsmodell erlauben.

Das Taschenbuch wendet sich sowohl an Mathematiker als auch an mathematisch interessierte Naturwissenschaftler und Ingenieure. Daher werden keine Hilfsmittel aus der Maßtheorie und aus der mathematischen Entscheidungstheorie herangezogen. Vorausgesetzt werden Grundkenntnisse in der Analysis, in der linearen Algebra, sowie in der Wahrscheinlichkeitstheorie und in der mathematischen Statistik, wobei in jeder der genannten Disziplinen das Niveau eines Grundkurses für Ingenieure an Technischen Hochschulen den Ausgangspunkt bildet. Die Fußnoten wenden sich hauptsächlich an Mathematiker.

Das erste Kapitel enthält eine kurze Darlegung des Schätzproblems für die lineare Regression. Weiterhin werden grundlegende Begriffe der Versuchsplanung eingeführt und erläutert.

Das zweite Kapitel beschäftigt sich mit der optimalen Versuchsplanung im Sinne der Theorie von KIEFER. Unter der Voraussetzung, daß das benutzte Regressionsmodell wahr ist, werden Konstruktionsmethoden und für die wichtigsten Regressionsansätze optimale Versuchspläne angegeben.

Im dritten Kapitel wird die Versuchsplanung im Sinne der Theorie von Box behandelt. Als Regressionsansätze werden vor allem Polynome ersten und zweiten Grades benutzt. Über die Eignung des gewählten Regressionsmodells wird erforderlichenfalls nach Durchführung der Versuche entschieden, das Problem der Modellwahl selbst hat jedoch kaum Einfluß auf die Wahl des Planes.

Im vierten Kapitel schließlich wird auf Versuchspläne

eingegangen, die optimal für die Auswahl von Regressionsmodellen sind.

Die Darstellung eines Gebietes, das sich in stürmischer Entwicklung befindet, trägt in erhöhtem Maße das Risiko von Lücken und Irrtümern. Entsprechende kritische Hinweise sind daher stets willkommen.

Dem Akademie-Verlag sei für sein freundliches Entgegenkommen und Eingehen auf unsere Wünsche herzlich gedankt.

Die Autoren

Vorwort zur zweiten Auflage

Die vorgenommene Bearbeitung hat an Inhalt und Charakter des Taschenbuches nichts geändert. Es wurden eine ganze Reihe kleinerer Ungenauigkeiten und Fehler verschiedener Art und Herkunft beseitigt. Größere Änderungen wurden im Interesse einer besseren Verständlichkeit an der Darstellung des vierten Kapitels vorgenommen. Weiterhin wurde die Einführung zum dritten Kapitel neu gefaßt und die Erläuterungen zur Affininvarianz im ersten Kapitel zusammengefaßt. Die Liste der Übersetzungen wichtiger Fachausdrücke und das Literaturverzeichnis wurden geringfügig erweitert. Dem Akademie-Verlag, besonders Frau Dipl.-Math. R. Helle, sei erneut für die gute Zusammenarbeit ganz herzlichst gedankt.

Die Autoren

Inhaltsverzeichnis

1. Einleitung und Problemstellung

1.1. Regression

In allen Bereichen von Naturwissenschaft und Technik bedient man sich der experimentellen Untersuchung zur Gewinnung neuer Erkenntnisse und notwendiger Kontrollergebnisse. Im folgenden sollen Experimente betrachtet werden, deren Resultate zufallsbeeinflußt sind. Die objektive Ursache dieser Zufälligkeit besteht darin, daß diese Resultate von einer großen Zahl von Faktoren beeinflußt werden, von der man einen Teil nicht kontrollieren kann bzw. nicht festlegen will, z. B. weil man sie nicht kennt oder nicht konstant halten kann bzw. weil der damit verbundene Aufwand zu hoch wäre oder die Gültigkeit der Ergebnisse zu sehr eingeschränkt würde. Durch diese unkontrollierten Faktoren, die sich in zufälliger Weise ändern, erhält das beobachtete Resultat der experimentellen Untersuchung den Charakter einer Zufallsgröße.

Eine sehr häufige und wichtige Aufgabe für die experimentelle Forschung ist die Untersuchung der Abhängigkeit eines solchen zufallsbeeinflußten Resultats, der sogenannten *Zielgröße*, von einer Anzahl kontrollierbarer, nicht zufälliger Faktoren, deren Werte man wählen und z. B. einstellen kann. Man nennt diese Faktoren *Einflußgrößen* oder Einflußfaktoren.

Als Beispiel soll die Untersuchung des Wärmeleitvermögens (Zielgröße) chemischer Verbindungen, die bei einem vorgegebenen Prozeß entstehen, in seiner Abhängigkeit von den Konzentrationen gewisser Ausgangsstoffe, von der Temperatur usw. (Einflußgrößen) genannt werden (vgl. Abschnitt 3.3.7.).

In der Regel kann man sowohl die Zielgröße als auch

die Einflußgrößen durch Zahlenwerte beschreiben. Damit ergibt sich die Möglichkeit, die gesuchte Abhängigkeit der Zielgröße Y von den Einflußgrößen, die der Reihe nach mit $x_1, \ldots, x_k$, beziehungsweise vektoriell mit $\boldsymbol{x} = (x_1, \ldots, x_k)'$ bezeichnet werden sollen, als durch eine Funktion

$$EY(\boldsymbol{x}) = \eta(x_1, \ldots, x_k) \tag{1.1}$$

darstellbar zu denken, die den Erwartungswert EY der Zufallsgröße Y mit den Werten der Einflußgrößen verknüpft. Um Aussagen über die nicht bekannte Funktion $\eta(\boldsymbol{x})$ zu erhalten, bedient man sich des Regressionsmodells, das im folgenden kurz beschrieben werden soll.

Im Zusammenhang mit der Regression wird die Zielgröße Y auch als *Regressand* oder als *abhängige Variable* und die Einflußgrößen werden auch als *Regressoren* oder als *unabhängige Variable*, im 3. Kapitel auch kurz als (kontrollierbare) *Faktoren* bezeichnet.

Der Bereich B aller derjenigen Punkte $\boldsymbol{x}$, in denen die Darstellung (1.1) sinnvoll ist, sei eine Teilmenge des Euklidischen Raumes R^k. Wenn man somit jede konkrete Wahl der Werte der Einflußgrößen als Punkt $\boldsymbol{x} = (x_1, \ldots, x_k)'$ im R^k interpretiert, läßt sich die Funktion $\eta(\boldsymbol{x})$ als eine über dem Bereich B definierte Hyperfläche im R^{k+1} auffassen. Daher nennt man $\eta(\boldsymbol{x})$ die *Wirkungsfläche* der Einflußgrößen $\boldsymbol{x}$.

Die Schätzung der Wirkungsfläche aus den Realisierungen von Y gestaltet sich numerisch relativ einfach, wenn diese in einer Schar von Funktionen $\tilde{\eta}(\boldsymbol{x}, \Theta)$ enthalten ist, die folgende Struktur hat

$$\tilde{\eta}(\boldsymbol{x}, \Theta) = \sum_{i=1}^{r} \Theta_i f_i(\boldsymbol{x}) = \boldsymbol{f}(\boldsymbol{x})' \Theta. \tag{1.2}$$

Dabei ist $\boldsymbol{f}(\boldsymbol{x}) = (f_1(\boldsymbol{x}), \ldots, f_r(\boldsymbol{x}))'$ ein Vektor aus bekannten, gegebenen Funktionen $f_i(\boldsymbol{x})$, und der Vektor $\Theta = (\Theta_1, \ldots, \Theta_r)'$ besteht aus Parametern Θ_i, die von $\boldsymbol{x}$ unabhängig sind. Der Parametervektor Θ der Funktionenschar kann dabei im R^r variieren. Die Wirkungsfläche $\eta(\boldsymbol{x})$ liegt in der Schar (1.2), wenn es ein $\boldsymbol{\Theta}^*$ gibt, so daß

$$\eta(\boldsymbol{x}) = \tilde{\eta}(\boldsymbol{x}, \boldsymbol{\Theta}^*) \tag{1.3}$$

für alle $\boldsymbol{x} \in B$ gilt. Wenn für (1.2) ein solches $\boldsymbol{\Theta}^*$ existiert, so daß (1.3) erfüllt ist, dann soll (1.2) *wahrer Regressionsansatz* für $\eta(\boldsymbol{x})$ heißen und mit $\eta(\boldsymbol{x}, \boldsymbol{\Theta})$ bezeichnet werden. Im allgemeinen nennt man (1.2) einen Regressionsansatz.

Im Regressionsansatz (1.2) treten die Parameter $\Theta_1, \ldots, \Theta_r$ linear auf, daher spricht man bezüglich dieses Ansatzes auch von *linearer* Regression.

Als einfaches Beispiel wird im folgenden

$$\tilde{\eta}(x_1, \Theta_0, \Theta_1) = \Theta_0 + \Theta_1 x_1 \tag{1.4}$$

herangezogen werden, wobei die Numerierung der Parameter gegenüber (1.2) (im Hinblick auf (1.5)) abgeändert wurde.

Häufig ist die Struktur von $\eta(\boldsymbol{x})$ unbekannt oder diese ist zwar bekannt, aber nicht von der Form (1.2) und führt daher zu numerischen Schwierigkeiten. Man wird sich dann in vielen Fällen zu einem linearen Regressionsansatz $\tilde{\eta}(\boldsymbol{x}, \boldsymbol{\Theta})$ entschließen, indem man z. B. feststellt oder annimmt, daß $\eta(\boldsymbol{x})$ in eine TAYLOR-Reihe (oder in eine FOURIER-Reihe) entwickelbar ist, die hinreichend schnell konvergiert, so daß man sich mit einer gewissen endlichen Teilsumme begnügen darf. Von Bedeutung sind vor allem die Teilsummen erster Ordnung

$$\tilde{\eta}(\boldsymbol{x}, \boldsymbol{\Theta}) = \Theta_0 + \sum_{i=1}^{k} \Theta_i x_i \tag{1.5a}$$

und zweiter Ordnung

$$\tilde{\eta}(\boldsymbol{x}, \boldsymbol{\Theta}) = \Theta_0 + \sum_{i=1}^{k} \Theta_i x_i + \sum_{i=1}^{k} \sum_{j=i}^{k} \Theta_{ij} x_i x_j, \tag{1.5b}$$

während Ansätze, die Glieder von höherer als dritter Ordnung enthalten, praktisch nur selten sinnvoll erscheinen. Durch Umbenennung der Funktionen

$$f_1(\boldsymbol{x}) \equiv 1, \ f_2(\boldsymbol{x}) = x_1, \ldots, f_{k+1}(\boldsymbol{x}) = x_k, \ f_{k+2}(\boldsymbol{x}) = x_1 x_2, \ldots \tag{1.6}$$

und der Parameter Θ_0; Θ_i $(i = 1, \ldots, k)$; Θ_{ij} $(i, j = 1, \ldots, k, i \leqq j)$ bringt man die Ansätze (1.5a) und (1.5b) auf die allgemeine Form (1.2).

Wie auch immer man zu einem linearen Regressionsansatz $\tilde{\eta}(\boldsymbol{x}, \boldsymbol{\Theta})$ für die Wirkungsfläche $\eta(\boldsymbol{x})$ gekommen ist, so sollte man sich davon überzeugen, ob man annehmen darf, daß es sich dabei um einen wahren Regressionsansatz handelt. Falls sich dies nicht aus der Kenntnis der Struktur von $\eta(\boldsymbol{x})$ von vornherein ergibt, so kann man nach dem Schätzen der Parameter des Ansatzes einen entsprechenden Test durchführen. Beispiele dafür findet man in den Kapiteln 3 und 4.

Die Schätzung der Wirkungsfläche wird durch die Einführung eines linearen Regressionsansatzes (1.2) auf die Schätzung des Parametervektors $\boldsymbol{\Theta}^*$ zurückgeführt. Zur Schätzung von $\boldsymbol{\Theta}^*$ geht man von den Ergebnissen der experimentellen Untersuchung in mehreren Meßpunkten, d. h. von den Realisierungen der Zielgröße Y in den Punkten $\boldsymbol{x}_1, \boldsymbol{x}_2, \ldots, \boldsymbol{x}_n$ aus

$$\begin{aligned} y_1 &= y(\boldsymbol{x}_1) = y(x_{11}, x_{12}, \ldots, x_{1k}) \\ y_2 &= y(\boldsymbol{x}_2) = y(x_{21}, x_{22}, \ldots, x_{2k}) \\ &\ \ \vdots \\ y_n &= y(\boldsymbol{x}_n) = y(x_{n1}, x_{n2}, \ldots, x_{nk}), \end{aligned} \tag{1.7}$$

die man als eine Realisierung $\mathfrak{y}$ des zufälligen *Beobachtungsvektors* $\mathfrak{Y} = \big(Y(\boldsymbol{x}_1), \ldots, Y(\boldsymbol{x}_n)\big)'$ auffassen kann. Nimmt man an, daß die Komponenten $Y(\boldsymbol{x}_j)$ des Beobachtungsvektors unkorreliert sind und dieselbe Varianz $D^2Y(\boldsymbol{x}_j) = \sigma^2$ besitzen, dann hat die Kovarianzmatrix

$\boldsymbol{B}_{\mathfrak{Y}}$ des Beobachtungsvektors $\mathfrak{Y}$ die Form

$$\boldsymbol{B}_{\mathfrak{Y}} = E\big((\mathfrak{Y} - E\mathfrak{Y})(\mathfrak{Y} - E\mathfrak{Y})'\big) = \sigma^2 \boldsymbol{E}_n, \qquad (1.8)$$

wobei $\boldsymbol{E}_n$ die n-dimensionale Einheitsmatrix bedeutet. Die Varianz σ^2 kann dabei bekannt oder unbekannt sein.

Wenn man (1.8) voraussetzt, kann man eine Schätzung für den unbekannten Parametervektor Θ^* z. B. mit der Methode der kleinsten Quadrate (abgekürzt MKQ) erhalten (vgl. LINNIK [1]). Bei dieser Methode wählt man als Schätzwert für Θ^* denjenigen Punkt $\hat{\vartheta} = (\hat{\vartheta}_1, \ldots, \hat{\vartheta}_r)'$ des r-dimensionalen Euklidischen Raumes, für den die Summe der Abweichungsquadrate

$$\sum_{j=1}^{n} \left(y(\boldsymbol{x}_j) - \sum_{i=1}^{r} f_i(\boldsymbol{x}_j)\, \hat{\vartheta}_i \right)^2 \qquad (1.9)$$

bei fest vorgegebenen, aber beliebigen Meßpunkten $\boldsymbol{x}_1, \ldots, \boldsymbol{x}_n$ und bekannten Beobachtungen $y_1, \ldots, y_n$ minimal wird.

Mit der Matrix

$$\boldsymbol{F} = \big(\boldsymbol{f}(\boldsymbol{x}_1), \ldots, \boldsymbol{f}(\boldsymbol{x}_n)\big)' = \begin{pmatrix} f_1(\boldsymbol{x}_1) \ldots f_r(\boldsymbol{x}_1) \\ \cdot \\ \cdot \\ \cdot \\ f_1(\boldsymbol{x}_n) \ldots f_r(\boldsymbol{x}_n) \end{pmatrix} \qquad (1.10)$$

läßt sich (1.9) in der Form

$$(\mathfrak{y} - \boldsymbol{F}\hat{\vartheta})' (\mathfrak{y} - \boldsymbol{F}\hat{\vartheta}) \qquad (1.11)$$

schreiben.

Für den Fall (1.4) hat man

$$\boldsymbol{F} = \begin{pmatrix} 1 & x_{11} \\ \cdot & \\ \cdot & \\ \cdot & \\ 1 & x_{n1} \end{pmatrix}. \qquad (1.12)$$

Als notwendige Bedingung für ein relatives Minimum von (1.11) erhält man durch Nullsetzen des Gradienten von (1.11) das System der Normalgleichungen

$$\boldsymbol{F}'\boldsymbol{F}\hat{\boldsymbol{\vartheta}} = \boldsymbol{F}'\mathfrak{y}. \tag{1.13}$$

Speziell für (1.4) ergibt sich

$$\begin{pmatrix} n & \sum_{j=1}^{n} x_{j1} \\ \sum_{j=1}^{n} x_{j1} & \sum_{j=1}^{n} x_{j1}^2 \end{pmatrix} \begin{pmatrix} \hat{\vartheta}_0 \\ \hat{\vartheta}_1 \end{pmatrix} = \begin{pmatrix} \sum_{j=1}^{n} y_j \\ \sum_{j=1}^{n} x_{j1} y_j \end{pmatrix}. \tag{1.14}$$

Falls die Matrix $\boldsymbol{F}'\boldsymbol{F}$ den vollen Rang r hat, läßt sich das Gleichungssystem (1.13) eindeutig auflösen.[1]) Insbesondere muß dazu $n \geqq r$ gelten, und mindestens r der Meßpunkte $\boldsymbol{x}_1, \ldots, \boldsymbol{x}_n$ müssen voneinander verschieden sein.

Der Vektor $\hat{\boldsymbol{\vartheta}}$ der Schätzwerte hängt von der Realisierung $\mathfrak{y}$ des Zufallsvektors $\mathfrak{Y}$ ab, ist also selbst eine Realisierung des Zufallsvektors $\hat{\boldsymbol{\Theta}} = (\hat{\Theta}_1, \ldots, \hat{\Theta}_r)'$. Die Auflösung des Gleichungssystems (1.13) liefert diesen Schätzvektor $\hat{\boldsymbol{\Theta}}$ in Abhängigkeit vom Beobachtungsvektor $\mathfrak{Y}$

$$\hat{\boldsymbol{\Theta}} = (\boldsymbol{F}'\boldsymbol{F})^{-1} \boldsymbol{F}'\mathfrak{Y} \tag{1.15}$$

und damit als Schätzung[2]) der Wirkungsfläche $\eta(\boldsymbol{x})$

$$\hat{Y}(\boldsymbol{x}) = \boldsymbol{f}(\boldsymbol{x})' \hat{\boldsymbol{\Theta}} = \sum_{i=1}^{r} \hat{\Theta}_i f_i(\boldsymbol{x}). \tag{1.16}$$

---

[1]) Schätzmethoden für den Fall, daß $\boldsymbol{F}'\boldsymbol{F}$ nicht den vollen Rang hat, kann man z. B. PLACKETT [1] oder GOLDBERGER [1] entnehmen.

[2]) Im Kapitel 4 wird die Bezeichnung $\hat{Y}(\boldsymbol{x}) = \tilde{\eta}(\boldsymbol{x}, \hat{\boldsymbol{\Theta}})$ benutzt.

Für das Beispiel (1.4) hat (1.15) die Form

$$\begin{pmatrix} \hat{\Theta}_0 \\ \hat{\Theta}_1 \end{pmatrix} = \left[n \sum_{j=1}^{n} x_{j1}^2 - \left(\sum_{j=1}^{n} x_{j1} \right)^2 \right]^{-1}$$

$$\times \begin{pmatrix} \sum_{j=1}^{n} x_{j1}^2 & -\sum_{j=1}^{n} x_{j1} \\ -\sum_{j=1}^{n} x_{j1} & n \end{pmatrix} \begin{pmatrix} \sum_{j=1}^{n} Y(x_{j1}) \\ \sum_{j=1}^{n} x_{j1} Y(x_{j1}) \end{pmatrix}, \qquad (1.17)$$

und aus (1.16) wird

$$\hat{Y}(x_1) = \frac{\sum x_{j1}^2 \sum Y(x_{j1}) - \sum x_{j1} \sum x_{j1} Y(x_{j1})}{n \sum x_{j1}^2 - (\sum x_{j1})^2}$$

$$+ \frac{-\sum x_{j1} \sum Y(x_{j1}) + n \sum x_{j1} Y(x_{j1})}{n \sum x_{j1}^2 - (\sum x_{j1})^2} x_1 \qquad (1.18)$$

(alle Summen in (1.18) sind über j von 1 bis n zu erstrecken).

Falls $\tilde{\eta}(\boldsymbol{x}, \Theta)$ ein wahrer Regressionsansatz ist, läßt sich mit (1.7), (1.8) und (1.10) zeigen, daß die Schätzungen $\hat{\boldsymbol{\Theta}}$ aus (1.15) und $\hat{Y}(\boldsymbol{x})$ aus (1.16) *erwartungstreu* sind:

$$E\hat{\boldsymbol{\Theta}} = \boldsymbol{\Theta}^*, \; E\hat{Y}(\boldsymbol{x}) = \boldsymbol{f}(\boldsymbol{x})' \, \boldsymbol{\Theta}^* = \eta(\boldsymbol{x}). \qquad (1.19)$$

Als *Kovarianzmatrix* für $\hat{\boldsymbol{\Theta}}$ berechnet man

$$\boldsymbol{B}_{\hat{\Theta}} = \sigma^2(\boldsymbol{F}'\boldsymbol{F})^{-1} \qquad (1.20)$$

und daraus die *Varianzfunktion* von $\hat{Y}(\boldsymbol{x})$

$$D^2\hat{Y}(\boldsymbol{x}) = \sigma^2 \boldsymbol{f}(\boldsymbol{x})' \, (\boldsymbol{F}'\boldsymbol{F})^{-1} \boldsymbol{f}(\boldsymbol{x}). \qquad (1.21)$$

Für das Beispiel (1.4) bedeutet dies

$$\boldsymbol{B}_{\hat{\Theta}} = \frac{\sigma^2}{n \sum_{j=1}^{n} x_{j1}^2 - \left(\sum_{j=1}^{n} x_{j1}\right)^2} \begin{pmatrix} \sum_{j=1}^{n} x_{j1}^2 & -\sum_{j=1}^{n} x_{j1} \\ -\sum_{j=1}^{n} x_{j1} & n \end{pmatrix} \tag{1.22}$$

und

$$D^2\hat{Y}(x_1) \doteq \sigma^2 \frac{\sum_{j=1}^{n} x_{j1}^2 - 2x_1 \sum_{j=1}^{n} x_{j1} + n{x_1}^2}{n \sum_{j=1}^{n} x_{j1}^2 - \left(\sum_{j=1}^{n} x_{j1}\right)^2}. \tag{1.23}$$

In manchen Fällen ist die Voraussetzung (1.8) zu stark. Die Varianzen der $Y(\boldsymbol{x}_j)$ sind voneinander verschieden oder die Unkorreliertheit der Komponenten des Beobachtungsvektors $\mathfrak{Y}$ ist nicht mehr gewährleistet oder es trifft sogar beides zu.

Falls man die Struktur der Kovarianzmatrix von $\mathfrak{Y}$ kennt, d. h. wenn in

$$\boldsymbol{B}_{\mathfrak{Y}}(\boldsymbol{x}_1, \ldots, \boldsymbol{x}_n) = \sigma^2 \boldsymbol{W}(\boldsymbol{x}_1, \ldots, \boldsymbol{x}_n) \tag{1.24}$$

die Matrix $\boldsymbol{W}(\boldsymbol{x}_1, \ldots, \boldsymbol{x}_n)$ bekannt ist, so kann man zur Schätzung der unbekannten Parameter eine Verallgemeinerung der Methode der kleinsten Quadrate benutzen. Als Schätzwert für Θ^* wählt man analog zu (1.11) den Punkt $\hat{\vartheta}$, für den die quadratische Form

$$(\mathfrak{y} - \boldsymbol{F}\hat{\vartheta})' \boldsymbol{B}_{\mathfrak{Y}}^{-1} (\mathfrak{y} - \boldsymbol{F}\hat{\vartheta}) \tag{1.25}$$

bei fest vorgegebenen, aber beliebigen Meßpunkten $\boldsymbol{x}_1, \ldots, \boldsymbol{x}_n$ und bekannten Beobachtungen $y_1, \ldots, y_n$ minimal wird. Auf demselben Wege wie dort erhält man das System der Normalgleichungen

$$\boldsymbol{F}' \boldsymbol{B}_{\mathfrak{Y}}^{-1} \boldsymbol{F} \hat{\vartheta} = \boldsymbol{F}' \boldsymbol{B}_{\mathfrak{Y}}^{-1} \mathfrak{y} \tag{1.26}$$

und, falls $(\boldsymbol{F}'\boldsymbol{B}_{\mathfrak{Y}}^{-1}\boldsymbol{F})^{-1}$ existiert, als Schätzung $\hat{\boldsymbol{\Theta}}$ für $\boldsymbol{\Theta}^*$ die sogenannte MARKOV-*Schätzung*[1])

$$\hat{\boldsymbol{\Theta}} = (\boldsymbol{F}'\boldsymbol{B}_{\mathfrak{Y}}^{-1}\boldsymbol{F})^{-1}\,\boldsymbol{F}'\boldsymbol{B}_{\mathfrak{Y}}^{-1}\mathfrak{Y}\,, \tag{1.27}$$

für die, wenn der Regressionsansatz $\tilde{\eta}(\boldsymbol{x}, \boldsymbol{\Theta})$ wahr ist,

$$E\hat{\boldsymbol{\Theta}} = \boldsymbol{\Theta}^* \quad \text{und} \quad \boldsymbol{B}_{\hat{\Theta}} = (\boldsymbol{F}'\boldsymbol{B}_{\mathfrak{Y}}^{-1}\boldsymbol{F})^{-1} \tag{1.28}$$

gilt.

Ganz analog zu (1.16) wird man auf die Schätzung

$$\hat{Y}(\boldsymbol{x}) = \boldsymbol{f}(\boldsymbol{x})'\,\hat{\boldsymbol{\Theta}} \tag{1.29}$$

für die Wirkungsfläche $\eta(\boldsymbol{x})$ geführt. Auch diese Schätzung ist unter der Voraussetzung (1.3) erwartungstreu $\left(E\hat{Y}(\boldsymbol{x}) = \eta(\boldsymbol{x})\right)$, die Varianzfunktion berechnet man zu

$$D^2\hat{Y}(\boldsymbol{x}) = \boldsymbol{f}(\boldsymbol{x})'\,(\boldsymbol{F}'\boldsymbol{B}_{\mathfrak{Y}}^{-1}\boldsymbol{F})^{-1}\,\boldsymbol{f}(\boldsymbol{x})\,. \tag{1.30}$$

Nicht immer sind alle Parameter $\Theta_1, \ldots, \Theta_r$ gleichermaßen von Interesse, sondern es sind oft nur Schätzungen für eine Teilmenge davon erforderlich. Durch eine geeignete Umnumerierung kann man stets erreichen, daß es sich dabei um die ersten $s \leqq r$ Parameter $\Theta_1, \ldots, \Theta_s$ handelt. Zwecks einfacher Herleitung der Schätzung zerlegt man die Matrix $\boldsymbol{F}'\boldsymbol{F}$ und die Vektoren in den Normalgleichungen in der folgenden Weise: den Vektor $\hat{\boldsymbol{\vartheta}}$ der Schätzwerte in

$$\hat{\boldsymbol{\vartheta}} = \begin{pmatrix} \hat{\boldsymbol{\vartheta}}^{(1)} \\ \hat{\boldsymbol{\vartheta}}^{(2)} \end{pmatrix} \quad \text{mit} \quad \begin{aligned} \hat{\boldsymbol{\vartheta}}^{(1)} &= (\vartheta_1, \ldots, \vartheta_s)' \quad \text{und} \\ \hat{\boldsymbol{\vartheta}}^{(2)} &= (\vartheta_{s+1}, \ldots, \vartheta_r)', \end{aligned}$$

die Matrix $\boldsymbol{F}'\boldsymbol{F}$ in

$$\boldsymbol{F}'\boldsymbol{F} = \begin{pmatrix} \boldsymbol{F}_{11} & \boldsymbol{F}_{12} \\ \boldsymbol{F}_{12}' & \boldsymbol{F}_{22} \end{pmatrix},$$

[1]) Die MARKOV-Schätzung wird auch als AITKEN-Schätzung bezeichnet, die Schätzmethode mit GLS (generalized least squares) abgekürzt.

wobei $\boldsymbol{F}_{11}$ eine (s, s)-Matrix ist, und die rechte Seite des Gleichungssystems (1.13) entsprechend in

$$\boldsymbol{F}'\mathfrak{y} = \begin{pmatrix} \boldsymbol{F}_1'\mathfrak{y} \\ \boldsymbol{F}_2'\mathfrak{y} \end{pmatrix}.$$

Damit erhält das System (1.13) die Gestalt

$$\begin{pmatrix} \boldsymbol{F}_{11} & \boldsymbol{F}_{12} \\ \boldsymbol{F}_{12}' & \boldsymbol{F}_{22} \end{pmatrix} \begin{pmatrix} \hat{\vartheta}^{(1)} \\ \hat{\vartheta}^{(2)} \end{pmatrix} = \begin{pmatrix} \boldsymbol{F}_1'\mathfrak{y} \\ \boldsymbol{F}_2'\mathfrak{y} \end{pmatrix}. \tag{1.31}$$

Die Auflösung nach $\hat{\vartheta}^{(1)}$ und der Übergang zu den entsprechenden Zufallsgrößen liefert nach elementarer Rechnung, falls die auftretenden Inversen existieren, die unter der Voraussetzung (1.3) erwartungstreue Schätzung

$$\hat{\boldsymbol{\Theta}}^{(1)} = (\boldsymbol{F}_{11} - \boldsymbol{F}_{12}\boldsymbol{F}_{22}^{-1}\boldsymbol{F}_{12}')^{-1}\,(\boldsymbol{F}_1'\mathfrak{Y} - \boldsymbol{F}_{12}\boldsymbol{F}_{22}^{-1}\boldsymbol{F}_2'\mathfrak{Y}) \tag{1.32}$$

mit der Kovarianzmatrix

$$\boldsymbol{B}_{\hat{\Theta}^{(1)}} = \sigma^2(\boldsymbol{F}_{11} - \boldsymbol{F}_{12}\boldsymbol{F}_{22}^{-1}\boldsymbol{F}_{12}')^{-1}. \tag{1.33}$$

Ein analoges Vorgehen führt auch für das Normalgleichungssystem (1.26) auf eine entsprechende erwartungstreue Schätzung für $(\Theta_1^*, \ldots, \Theta_s^*)$.

Die Schätzung $\hat{\boldsymbol{\Theta}}$ in (1.15) ist linear in den Komponenten $Y(\boldsymbol{x}_j)$ des Beobachtungsvektors $\mathfrak{Y}$ und unter der Voraussetzung (1.3) erwartungstreu für den Parametervektor $\boldsymbol{\Theta}^*$, man nennt $\hat{\boldsymbol{\Theta}}$ daher erwartungstreue lineare Schätzung für $\boldsymbol{\Theta}^*$. Auch die Schätzfunktion $\hat{Y}(\boldsymbol{x})$ in (1.16) ist unter der Voraussetzung (1.3) für festes $\boldsymbol{x}$ eine erwartungstreue lineare Schätzung für die Wirkungsfläche η im Punkt $\boldsymbol{x}$. Lineare Funktionen des unbekannten Parametervektors $\boldsymbol{\Theta}^*$, für die erwartungstreue lineare Schätzungen existieren, nennt man schätzbar (vgl. Scheffé [2]). Für sie gilt der bedeutsame

Satz 1.1 (GAUSS-MARKOV-*Theorem*): *Unter der Voraussetzung über den Beobachtungsvektor* $\mathfrak{Y}$

$$E\mathfrak{Y} = \boldsymbol{F}\Theta^*, \quad \boldsymbol{B}_{\mathfrak{Y}} = \sigma^2 \boldsymbol{E}_n \tag{1.34}$$

hat jede schätzbare Funktion $\Psi = \boldsymbol{c}'\Theta^*$ *mit bekanntem Konstantenvektor* $\boldsymbol{c} = (c_1, \ldots, c_r)'$ *eine eindeutige erwartungstreue lineare Schätzung* $\hat{\Psi}$, *die minimale Varianz*[1]) *in der Klasse aller erwartungstreuen linearen Schätzungen besitzt. Diese Schätzung kann man mit der Methode der kleinsten Quadrate* (MKQ) *erhalten, d. h.* $\hat{\Psi} = \boldsymbol{c}'\hat{\boldsymbol{\Theta}}$.

Dieser Satz läßt sich für die Voraussetzung (1.24) anstelle von (1.8) auf die Methode GLS[1]) übertragen.

Sei $\boldsymbol{c}'\tilde{\boldsymbol{\Theta}}$ eine beliebige erwartungstreue lineare Schätzung für die schätzbare Funktion $\boldsymbol{c}'\Theta^*$, so besagt der Satz 1.1, daß stets

$$D^2(\boldsymbol{c}'\tilde{\boldsymbol{\Theta}}) \geqq D^2(\boldsymbol{c}'\hat{\boldsymbol{\Theta}}) \tag{1.35}$$

gilt. Wegen $D^2(\boldsymbol{c}'\tilde{\boldsymbol{\Theta}}) = \boldsymbol{c}'\boldsymbol{B}_{\tilde{\mathfrak{S}}}\boldsymbol{c}$ kann man (1.35) auch in der Form

$$\boldsymbol{c}'\boldsymbol{B}_{\tilde{\mathfrak{S}}}\boldsymbol{c} \geqq \boldsymbol{c}'\boldsymbol{B}_{\hat{\mathfrak{S}}}\boldsymbol{c} \tag{1.36}$$

schreiben.

Speziell bedeutet (1.35) für die Schätzung $\hat{Y}(\boldsymbol{x})$ in (1.16), daß für jeden festen Punkt $\boldsymbol{x}$ und vorgegebene Punkte, in denen die Beobachtungen durchgeführt werden (d. h. $(\boldsymbol{x}_1, \ldots, \boldsymbol{x}_n)$ fest), die Varianz $D^2\hat{Y}(\boldsymbol{x})$ durch erwartungstreue lineare Schätzungen nicht unterschritten werden kann

$$D^2\tilde{Y}(\boldsymbol{x}) = D^2\left(\sum_{i=1}^{r} \tilde{\Theta}_i f_i(\boldsymbol{x})\right) \geqq D^2\left(\sum_{i=1}^{r} \hat{\Theta}_i f_i(\boldsymbol{x})\right) = D^2\hat{Y}(\boldsymbol{x}). \tag{1.37}$$

Über die Aussage des Satzes 1.1 hinaus ist die Schätzung nach der MKQ für einen wahren Regressionsansatz genau

---

[1]) Man nennt daher die nach der MKQ beziehungsweise nach der GLS erhaltenen Schätzungen auch beste lineare erwartungstreue Schätzungen, kurz BLUE (best linear unbiased estimator).

dann effektiv, wenn der Beobachtungsvektor normalverteilt ist.

Die Kovarianzmatrix $\boldsymbol{B}_{\mathfrak{Y}}$ beeinflußt die Wahl der Schätzmethode, muß also stets mit angegeben werden. Man bezeichnet den Regressionsansatz $\tilde{\eta}(\boldsymbol{x}, \boldsymbol{\Theta})$ zusammen mit der Struktur der Kovarianzmatrix $\boldsymbol{B}_{\mathfrak{Y}}$, mit dem Bereich B und eventuell mit weiteren Angaben über die Verteilung des Beobachtungsvektors $\mathfrak{Y}$ (z. B. $\mathfrak{Y}$ ist normalverteilt) als *Regressionsmodell* für die Schätzung der Wirkungsfläche $\eta(\boldsymbol{x})$. Wenn der Regressionsansatz $\tilde{\eta}(\boldsymbol{x}, \boldsymbol{\Theta})$ wahr ist, dann soll das Regressionsmodell ebenfalls ein *wahres Regressionsmodell* heißen.

1.2. Konkrete Versuchspläne

Bei der Schätzung der Parameter $\Theta_1^*, \ldots, \Theta_r^*$ und von η kommt es darauf an, möglichst genaue Schätzwerte $\hat{\vartheta}_1, \ldots, \hat{\vartheta}_r, \hat{y}$ zu erhalten. Zur Beurteilung der Genauigkeit zieht man die Kovarianzmatrix $\boldsymbol{B}_{\hat{\Theta}}$ und die Varianzfunktion $D^2\hat{Y}(\boldsymbol{x})$ der Schätzung heran. Beide werden durch die Wahl der Schätzmethode und die Wahl der Meßpunkte $\boldsymbol{x}_1, \ldots, \boldsymbol{x}_n$ beeinflußt (vgl. dazu das Beispiel (1.22) und (1.23)). Bei vorgegebenen Punkten $\boldsymbol{x}_1, \ldots, \boldsymbol{x}_n$ wurde durch die Wahl von BLUE (MKQ bzw. GLS) eine maximale Genauigkeit im Sinne des Theorems von Gauss-Markov erreicht. Die *Aufgabe der optimalen Versuchsplanung* für die Schätzung im Regressionsmodell besteht nun darin, durch eine geeignete Wahl der Meßpunkte $\boldsymbol{x}_1, \ldots, \boldsymbol{x}_n$ die Genauigkeit in einem noch zu präzisierenden Sinn (s. Abschnitt 1.3) weiter zu optimieren. Zur mathematischen Behandlung des Problems sollen einige neue Begriffe und Bezeichnungen eingeführt werden.

Als *Versuch* wird im folgenden die Gewinnung einer Realisierung $y(\boldsymbol{x})$ der Zielgröße $Y(\boldsymbol{x})$ in einem vorgegebenen Punkt $\boldsymbol{x}$ bezeichnet. Die Punkte $\boldsymbol{x} \in B$, in denen Versuche durchgeführt werden können, faßt man zum *Versuchsbereich* $V \subset B$ zusammen. Er muß nicht mit dem bei (1.2) definierten B übereinstimmen, denn es kann z. B. Punkte geben, in denen Versuche zum Zeitpunkt der Versuchsdurchführung noch nicht möglich sind.

Andererseits kann es vorkommen, daß die Wirkungsfläche nicht für alle $\boldsymbol{x} \in B$ von Interesse ist. Aus diesem Grunde ist es zweckmäßig, einen sogenannten *Prognosebereich* $H \subset B$ einzuführen, der alle $\boldsymbol{x} \in B$ enthält, für die Schätzwerte $\hat{y}(\boldsymbol{x})$ bzw. $\hat{\vartheta}$ betrachtet werden sollen. Beide Bereiche, V und H, seien abgeschlossen und beschränkt. Sie werden sinnvollerweise anstelle von B im Regressionsmodell angegeben.

Eine Auswahl von n nicht notwendig voneinander verschiedenen Punkten $\boldsymbol{x}_1, \ldots, \boldsymbol{x}_n$ aus V, in denen je ein Versuch durchgeführt werden soll, nennt man einen *konkreten Versuchsplan* V_n [1]) vom Umfang n. Unter der Durchführung des konkreten Versuchsplanes wird im folgenden die Gewinnung von je einer Realisierung der Zielgröße $Y(\boldsymbol{x})$ in den Punkten $\boldsymbol{x}_1, \ldots, \boldsymbol{x}_n$ des Planes verstanden.

Eine andere Darstellung des konkreten Versuchsplanes $V_n = (\boldsymbol{x}_1, \ldots, \boldsymbol{x}_n)$ erhält man, wenn man nur die Punkte $\boldsymbol{x}_l$ aufführt, die voneinander verschieden sind ($\boldsymbol{x}_l \neq \boldsymbol{x}_i$ für $l \neq i$, $i, l = 1, \ldots, m$) und jeweils die relative Häufigkeit p_l jedes Punktes $\boldsymbol{x}_l$ angibt.

$$V_n = \begin{Bmatrix} \boldsymbol{x}_1, \boldsymbol{x}_2, \ldots, \boldsymbol{x}_m \\ p_1, p_2, \ldots, p_m \end{Bmatrix} = \begin{Bmatrix} \boldsymbol{x}_l, p_l \end{Bmatrix}_{l=1}^{m} ; \quad \sum_{l=1}^{m} p_l = 1. \qquad (1.38)$$

Die Menge $\{\boldsymbol{x}_1, \ldots, \boldsymbol{x}_m\}$ der voneinander verschiedenen Punkte nennt man das *Spektrum* $S(V_n)$ des Planes V_n, die relative Häufigkeit p_l $(l = 1, \ldots, m)$ heißt *Gewicht des Punktes* $\boldsymbol{x}_l$. Man sagt, der Versuchsplan V_n gibt den Punkten $\boldsymbol{x}_l$ die Gewichte p_l. Im vorliegenden Fall sind die p_l offensichtlich Vielfache von $1/n$.

---

[1]) Der konkrete Versuchsplan ist, als n-tupel geschrieben, also ein Element des n-fachen karthesischen Produktes des Versuchsbereiches V mit sich selbst: $V_n \in V^{\otimes n}$.

Damit das Gleichungssystem (1.13) (bzw. (1.26)) eine eindeutige Lösung hat, muß das Spektrum $S(V_n)$ des Planes aus mindestens r Punkten bestehen.

Die zur Beurteilung der Genauigkeit herangezogenen Ausdrücke, z. B. für Schätzungen nach der MKQ

$$\boldsymbol{B}_{\hat{\Theta}} = \sigma^2(\boldsymbol{F}'\boldsymbol{F})^{-1}, \quad D^2\hat{Y}(\boldsymbol{x}) = \sigma^2\boldsymbol{f}(\boldsymbol{x})' (\boldsymbol{F}'\boldsymbol{F})^{-1} \boldsymbol{f}(\boldsymbol{x}) \tag{1.39}$$

(vgl. (1.22), (1.23)) hängen nur in $\boldsymbol{F}'\boldsymbol{F}$ von den Meßpunkten $\boldsymbol{x}_1, \ldots, \boldsymbol{x}_n$, d. h. vom konkreten Versuchsplan V_n ab.

Wenn die Zielgröße $Y(\boldsymbol{x})$ normalverteilt ist, dann ist $\sigma^2(\boldsymbol{F}'\boldsymbol{F})$ die Fishersche Informationsmatrix (vgl. z. B. Linnik [1]) der Schätzung $\hat{\boldsymbol{\Theta}}$. In Anlehnung daran nennt man, auch wenn die Zielgröße nicht normalverteilt ist,

$$\boldsymbol{M}(V_n) = \frac{1}{n} \boldsymbol{F}'\boldsymbol{F} \tag{1.40}$$

die *Informationsmatrix des konkreten Versuchsplans* V_n. Damit erhält die Kovarianzmatrix $\boldsymbol{B}_{\hat{\Theta}}$ die Darstellung

$$\boldsymbol{B}_{\hat{\Theta}} = \frac{\sigma^2}{n} \boldsymbol{M}^{-1}(V_n). \tag{1.41}$$

Aus der Struktur der Matrix $\boldsymbol{F}'\boldsymbol{F}$

$$\boldsymbol{F}'\boldsymbol{F} = \begin{pmatrix} \sum_{j=1}^{n} f_1(\boldsymbol{x}_j)\, f_1(\boldsymbol{x}_j) \cdots \sum_{j=1}^{n} f_1(\boldsymbol{x}_j)\, f_r(\boldsymbol{x}_j) \\ \\ \\ \sum_{j=1}^{n} f_1(\boldsymbol{x}_j)\, f_r(\boldsymbol{x}_j) \cdots \sum_{j=1}^{n} f_r(\boldsymbol{x}_j)\, f_r(\boldsymbol{x}_j) \end{pmatrix} \tag{1.42}$$

lassen sich einige Eigenschaften der Informationsmatrix $\boldsymbol{M}(V_n)$ herleiten:

(a) $\boldsymbol{M}(V_n)$ ist positiv semidefinit.

(b) $\det\big(\boldsymbol{M}(V_n)\big) = 0$, wenn das Spektrum $S(V_n)$ weniger als r Punkte enthält.

(c) Sind $V_n = (x_1^{(1)}, \ldots, x_n^{(1)})$ und $V_s = (x_1^{(2)}, \ldots, x_s^{(2)})$, so gilt für $V_{n+s} = (x_1^{(1)}, \ldots, x_n^{(1)}, x_1^{(2)}, \ldots, x_s^{(2)})$ die Beziehung

$$nM(V_n) + sM(V_s) = (n + s)\, M(V_{n+s}). \tag{1.43}$$

Mit der Darstellung des Planes durch Spektrum und Gewichte, d. h. $V_n = \{x_l, p_l\}_{l=1}^m$, läßt sich die Informationsmatrix $M(V_n)$ bei Beachtung von (1.40) und (1.42) auch in der Form

$$M(V_n) = \sum_{l=1}^{m} p_l f(x_l)\, f(x_l)' \tag{1.44}$$

schreiben.

Aus den zu (1.39) analogen Ausdrücken (1.28) und (1.30) für die MARKOV-Schätzung erhält man als entsprechende Definition der Informationsmatrix für den konkreten Versuchsplan V_n

$$M(V_n) = \frac{1}{n} F' B_{\mathfrak{Y}}^{-1} F.$$

Wenn die Zielgröße $Y(x)$ normalverteilt ist, kann man die Matrix $F'F = \sigma^2 B_{\hat{\Theta}}^{-1}$ auch geometrisch deuten. Die Schätzung $\hat{\Theta}$ ist dann ebenfalls normalverteilt mit dem Erwartungsvektor Θ^* und der Kovarianzmatrix $B_{\hat{\Theta}}$. Die Verteilungsdichte von $\hat{\Theta}$ hat somit die Form

$$p(\hat{\Theta}) = (2\pi)^{-r/2} \left(\det (B_{\hat{\Theta}})\right)^{-1/2} \times \exp\left\{-\frac{1}{2} (\hat{\Theta} - \Theta^*)' B_{\hat{\Theta}}^{-1} (\hat{\Theta} - \Theta^*)\right\}. \tag{1.45}$$

Diese Funktion ist jeweils konstant auf den Flächen

$$(\hat{\Theta} - \Theta^*)' B_{\hat{\Theta}}^{-1} (\hat{\Theta} - \Theta^*) = \text{const}. \tag{1.46}$$

Wie man sich durch orthogonale Transformation der positiv definiten symmetrischen Matrix $B_{\hat{\Theta}}$ auf Diagonalform überzeugt, sind die Flächen (1.46) Ellipsoide. Speziell nennt man die Fläche

$$(\hat{\Theta} - \Theta^*)' B_{\hat{\Theta}}^{-1}(\hat{\Theta} - \Theta^*) = r + 2 \qquad (1.47)$$

das Streuungsellipsoid der Verteilung (1.45) (vgl. LINNIK [1]). Es besteht für dieses Ellipsoid der folgende Zusammenhang: Gegeben sei ein normalverteilter Vektor $\mathfrak{Z}_1$ mit dem Erwartungsvektor $E\mathfrak{Z}_1$ und der Kovarianzmatrix $B_{\mathfrak{Z}_1}$. Der Vektor $\mathfrak{Z}_2$ sei in einem Ellipsoid gleichmäßig verteilt (d. h., die Dichte der Verteilung ist nur innerhalb eines Ellipsoids von Null verschieden und konstant), weiterhin habe $\mathfrak{Z}_2$ den gleichen Erwartungsvektor und die gleiche Kovarianzmatrix wie $\mathfrak{Z}_1$. Dann stimmt das Streuungsellipsoid von $\mathfrak{Z}_1$ mit dem Ellipsoid der Verteilung von $\mathfrak{Z}_2$ überein.

1.3. Optimalitätskriterien

Wie in Abschnitt 1.2. (vgl. (1.39)) festgestellt wurde, hängen die zur Beurteilung der Genauigkeit herangezogenen Ausdrücke (für die Schätzung nach der MKQ) nur in der Matrix $F'F$ vom gewählten Versuchsplan V_n ab. Jede Optimierung der Genauigkeit setzt also voraus, daß eine Möglichkeit gegeben ist, die Matrizen $F'F$ (oder ihre Inversen $(F'F)^{-1}$) für verschiedene Versuchspläne miteinander zu vergleichen. Solche Möglichkeiten werden durch geeignete Funktionale Z gegeben, mit denen die Matrix $F'F$ (oder $(F'F)^{-1}$) in den R^1, d. h. auf die reelle Achse abgebildet wird. Jedes solche Funktional Z führt auf ein Optimalitätskriterium. Bei vorgegebenem Umfang n des Planes ist die Informationsmatrix $M(V_n)$ proportional zu $F'F$. In Hinblick auf spätere Verallgemeinerungen werden die Optimalitätskriterien gewöhnlich für $M^{-1}(V_n)$ formuliert. Die Optimierung muß sich dann über alle konkreten Pläne V_n vom Umfang n erstrecken, deren Punkte dem Versuchsbereich V angehören und für die $\boldsymbol{M}^{-1}(V_n)$ existiert (d. h. $\det(\boldsymbol{M}(V_n)) \neq 0$). Im folgenden soll diese Menge mit

$$\{V_n \mid \boldsymbol{x}_j \in V \text{ für } j = 1, \ldots, n;\ \det(\boldsymbol{M}(V_n)) \neq 0\} \quad (1.48)$$

oder, wenn keine Verwechslung möglich ist, kurz mit $\{V_n\}$ bezeichnet werden.

Wegen des Zusammenhanges von $\boldsymbol{M}^{-1}(V_n)$ mit der Kovarianzmatrix $\boldsymbol{B}_{\hat{\Theta}}$ (vgl. (1.41)) ergeben sich häufig Möglichkeiten für eine anschauliche Deutung der Optimalitätskriterien.

Ein konkreter Versuchsplan V_n^* heißt *D-optimal*, wenn gilt:

$$\min_{V_n \in \{V_n\}} \det(\boldsymbol{M}^{-1}(V_n)) = \det(\boldsymbol{M}^{-1}(V_n^*)). \quad (1.49)$$

Im Fall, daß der Beobachtungsvektor $\mathfrak{Y}$ normalverteilt ist, wird also das Volumen des Streuungsellipsoids (1.47) der Parameterschätzung $\hat{\boldsymbol{\Theta}}$ minimiert.

Ein konkreter Plan V_n^* heißt *A-optimal*, wenn gilt:

$$\min_{V_n \in \{V_n\}} Sp\boldsymbol{M}^{-1}(V_n) = Sp\boldsymbol{M}^{-1}(V_n^*). \quad (1.50)$$

Die Elemente der Hauptdiagonalen von $\boldsymbol{M}^{-1}(V_n)$ sind bis auf einen konstanten Faktor die Varianzen der Schätzungen $\hat{\Theta}_i$ für die einzelnen Koeffizienten. Ein A-optimaler Plan minimiert also deren Summe und damit die mittlere Varianz der Parameterschätzungen. Da die Spur auch gleich der Summe der Halbachsenlängen ist, wird durch dieses Kriterium (im Fall der Normalverteilung) die mittlere Halbachsenlänge des Ellipsoids (1.47) minimiert.

Es bezeichne $\pi_{\max}(\boldsymbol{A})$ den größten Eigenwert der Matrix $\boldsymbol{A}$. Ein konkreter Plan V_n^* heißt *E-optimal*, wenn gilt

$$\min_{V_n \in \{V_n\}} \pi_{\max}(\boldsymbol{M}^{-1}(V_n)) = \pi_{\max}(\boldsymbol{M}^{-1}(V_n^*)). \quad (1.51)$$

Ein E-optimaler Plan minimiert eine scharfe obere Schranke[1]) für die größte Varianz der einzelnen Parameterschätzungen und im Falle der Normalverteilung die größte Halbachse des Streuungsellipsoids.

Häufig wird nur die Schätzung einer bestimmten Linearform $\boldsymbol{c}'\Theta^*$ des Parametervektors Θ^* mit einem vorgegebenen Vektor $\boldsymbol{c}$ benötigt. Beispiele hierfür sind die Schätzung der Wirkungsfläche an einem gegebenen festen Punkt $\boldsymbol{x}_0$, in diesem Fall wäre $\boldsymbol{c} = \boldsymbol{f}(\boldsymbol{x}_0)$, und die Schätzung eines einzigen Parameters, z. B. Θ_1^*, in welchem Fall $\boldsymbol{c} = (1, 0, \ldots, 0)'$ wäre.

Ein konkreter Plan V_n^* heißt *C-optimal* bezüglich $\boldsymbol{c} = (c_1, \ldots, c_r)'$, wenn gilt:

$$\min_{V_n \in \{V_n\}} \boldsymbol{c}'\boldsymbol{M}^{-1}(V_n)\,\boldsymbol{c} = \boldsymbol{c}'\boldsymbol{M}^{-1}(V_n^*)\,\boldsymbol{c}. \tag{1.52}$$

Wenn $\boldsymbol{M}^{-1}(V_n)$ existiert[2]), ergibt sich

$$D^2(\boldsymbol{c}'\hat{\Theta}) = \frac{\sigma^2}{n}\,\boldsymbol{c}'\boldsymbol{M}^{-1}(V_n)\,\boldsymbol{c} \tag{1.53}$$

als Varianz der Schätzung $\boldsymbol{c}'\hat{\Theta}$ der Linearform $\boldsymbol{c}'\Theta^*$. Ein C-optimaler Plan bezüglich $\boldsymbol{c}$ minimiert also diese Varianz. Speziell für $\boldsymbol{c} = (1, 0, \ldots, 0)'$ wird also aus (1.52) mit der Bezeichnung $\boldsymbol{M}^{-1}(V_n) = \left(m^{(ij)}(V_n)\right)$ das Optimalitätskriterium

$$\min_{V_n \in \{V_n\}} m^{(11)}(V_n) = m^{(11)}(V_n^*). \tag{1.54}$$

[1]) Die Diagonalelemente von $\boldsymbol{B}_{\hat{\Theta}}$ sind die Varianzen $D^2\hat{\Theta}_i$. Mit dem RAYLEIGH-Quotienten erhält man für $\boldsymbol{B}_{\hat{\Theta}}$ die Abschätzung $\pi_{\max}(\boldsymbol{B}_{\hat{\Theta}}) \geq D^2\hat{\Theta}_i$ $(i = 1, \ldots, r)$. Das Gleichheitszeichen kann angenommen werden, d. h. die Abschätzung ist scharf.

[2]) Für die Schätzung der Linearform $\boldsymbol{c}'\Theta^*$ ist die Existenz von $\boldsymbol{M}^{-1}(V_n)$ bekanntlich nicht notwendig, es genügt, daß $\boldsymbol{c}'\Theta^*$ schätzbar ist, d. h. daß $\boldsymbol{c}$ im Spaltenraum von $\boldsymbol{F}'$ liegt (vgl. z. B. RAO [1]). Im Optimalitätskriterium (1.52) (und auch in (1.53)) kann also $\boldsymbol{M}^{-1}$ durch eine verallgemeinerte Inverse $\boldsymbol{M}^{-}$ ersetzt werden und die Minimierung würde sich dann über die folgende Menge von Versuchsplänen $\{V_n \mid \boldsymbol{x}_j \in V \text{ für } j = 1, \ldots, n;\ \boldsymbol{c}'\Theta^* \text{ schätzbar}\}$ erstrecken.

Die vorstehenden Kriterien beziehen sich alle auf die Schätzung des Parametervektors Θ^* und sind daher unabhängig vom vorgegebenen Prognosebereich H. Ist jedoch die Wirkungsfläche $\eta(\boldsymbol{x})$ zu schätzen, so wird man auf Optimalitätskriterien geführt, in denen dieser Bereich H eine Rolle spielt.

Ein konkreter Versuchsplan V_n^* heißt *G-optimal*, wenn gilt:

$$\min_{V_n \in \{V_n\}} \max_{\boldsymbol{x} \in H} \boldsymbol{f}(\boldsymbol{x})' \boldsymbol{M}^{-1}(V_n) \boldsymbol{f}(\boldsymbol{x}) = \max_{\boldsymbol{x} \in H} \boldsymbol{f}(\boldsymbol{x})' \boldsymbol{M}^{-1}(V_n^*) \boldsymbol{f}(\boldsymbol{x}). \tag{1.55}$$

Ein G-optimaler Versuchsplan minimiert den maximalen Wert der Varianzfunktion $D^2\hat{Y}(\boldsymbol{x})$ (vgl. (1.21)) im Bereich H[1]).

Ein konkreter Versuchsplan V_n^* heißt *I-optimal* bezüglich $p(\boldsymbol{x})$, wenn gilt:

$$\min_{V_n \in \{V_n\}} \int_H \boldsymbol{f}(\boldsymbol{x})' \boldsymbol{M}^{-1}(V_n) \boldsymbol{f}(\boldsymbol{x})\, p(\boldsymbol{x})\, d\boldsymbol{x} = \int_H \boldsymbol{f}(\boldsymbol{x})' \boldsymbol{M}^{-1}(V_n^*) \boldsymbol{f}(\boldsymbol{x})\, p(\boldsymbol{x})\, d\boldsymbol{x}, \tag{1.56}$$

wobei $p(\boldsymbol{x})$ eine bekannte gegebene Gewichtsfunktion über H darstellt, die die unterschiedliche Bedeutung der Punkte aus H für die Optimierung ausdrückt. Ein I-optimaler konkreter Plan minimiert also die mittlere mit $p(\boldsymbol{x})$ gewichtete Varianz der Funktion $\hat{Y}(\boldsymbol{x})$ über H.

Andere Optimalitätskriterien für die Schätzung von Θ^* und für die Schätzung von $\eta(\boldsymbol{x})$ werden im weiteren noch vorgestellt (s. Abschnitt 1.6. und Abschnitt 3.4.3.) oder finden sich in der Literatur (z. B. minimaler quadratischer Verlust, vgl. ELFVING [3], KARLIN/STUDDEN [2]).

In der Menge der positiv semidefiniten Matrizen kann man eine Halbordnung einführen, und zwar sei

$$\boldsymbol{A} \geqq \boldsymbol{B}, \tag{1.57}$$

[1]) Ein G-optimaler Plan läßt sich spieltheoretisch als Minimax-Strategie deuten (vgl. KIEFER [2]).

wenn $\boldsymbol{A} - \boldsymbol{B}$ eine positiv semidefinite Matrix ist. Offensichtlich läßt sich nicht jede positiv semidefinite Matrix $\boldsymbol{A}$ mit jeder positiv semidefiniten Matrix $\boldsymbol{B}$ nach (1.57) vergleichen, aber es gibt auch Mengen solcher Matrizen, die sich mittels (1.57) paarweise ordnen lassen.

Im Hinblick auf die A-Optimalität folgt aus (1.57) z. B. $Sp\boldsymbol{A} \geqq Sp\boldsymbol{B}$, denn die Spur von $\boldsymbol{A} - \boldsymbol{B}$ ist gleich der Summe der sämtlich nichtnegativen Eigenwerte von $\boldsymbol{A} - \boldsymbol{B}$. Da bei der A-Optimalität der verwendete Operator Z gerade der Spuroperator ($Z = Sp$) ist, folgt aus $\boldsymbol{M}^{-1}(V_n^{(1)}) \geqq \boldsymbol{M}^{-1}(V_n^{(2)})$ sofort die Ungleichung

$$Z[\boldsymbol{M}^{-1}(V_n^{(1)})] \geqq Z[\boldsymbol{M}^{-1}(V_n^{(2)})]. \tag{1.58}$$

Wie man zeigen kann, haben alle bei den vorstehenden Optimalitätskriterien verwendeten Funktionale Z diese bedeutungsvolle Eigenschaft (1.58).

Darüber hinaus sind einige dieser Funktionale Z sogar *lineare Funktionale* von $\boldsymbol{M}^{-1}$, d. h. für beliebige positiv semidefinite (r, r)-Matrizen $\boldsymbol{M}^{-1}$, $\boldsymbol{M}_1^{-1}$, $\boldsymbol{M}_2^{-1}$ erfüllt das Funktional Z die Bedingungen

$$Z[\boldsymbol{M}_1^{-1} + \boldsymbol{M}_2^{-1}] = Z[\boldsymbol{M}_1^{-1}] + Z[\boldsymbol{M}_2^{-1}]$$

$$Z[c\boldsymbol{M}^{-1}] = cZ[\boldsymbol{M}^{-1}] \quad (c \text{ beliebige reelle Konstante})$$

$$Z[\boldsymbol{M}^{-1}] \geqq 0. \tag{1.59}$$

So erweisen sich z. B. die Funktionale bei der A-Optimalität (1.50) und bei der I-Optimalität (1.56) als linear. Zu Ergebnissen bezüglich linearer Funktionale sei auf Fedorov [5] verwiesen.

Da die Funktionen $f_i(\boldsymbol{x})$ $(i = 1, \ldots, r)$ des Ansatzes $\hat{\eta}(\boldsymbol{x}, \boldsymbol{\Theta})$ durch ihre Funktionswerte $f_i(\boldsymbol{x}_j)$ $(j = 1, \ldots, n)$ über $\boldsymbol{M}(V_n)$ in das Optimalitätskriterium eingehen, ist ein nach diesem Kriterium bestimmter Plan im allgemeinen nur für diesen Ansatz optimal. Es gibt also keinen Versuchsplan, der für alle möglichen Regressionsansätze gleichermaßen optimal ist. Weiterhin sei bemerkt, daß die optimalen Pläne im allgemeinen nicht eindeutig bestimmt sind. Es kann durchaus eine Menge von verschiedenen[1]) konkreten Versuchsplänen vom Umfang n geben, die den gleichen minimalen Funktionalwert der Inversen der Informationsmatrix haben.

Bei der Optimierung wurde der Umfang n der Pläne fest gewählt, optimale konkrete Pläne für verschiedene n unterscheiden sich selbstverständlich voneinander.

Schließlich sei erwähnt, daß die hier betrachteten optimalen Pläne zur Schätzung von Θ^* und $\eta(\boldsymbol{x})$ nicht notwendig auch optimal für die Durchführung von Testen bezüglich der Parameter oder des Ansatzes sind (vgl. dazu KIEFER/WOLFOWITZ [1]).

Bisher wurde angenommen, daß der Regressionsansatz linear von den Parametern $\Theta_1, \ldots, \Theta_r$ abhängt (vgl. (1.2)). Wenn man zu nichtlinearen Ansätzen übergeht, etwa zu $\tilde{\eta}(x, \Theta) = \Theta_1 + \Theta_2 e^{-\Theta_3 x}$, so wird die Kovarianzmatrix der Schätzungen der Parameter i. allg. von den wahren Werten der Parameter abhängen. Die Kovarianzmatrix ist also i. allg. nicht mehr, wie in (1.8) oder (1.24) angenommen, (bis auf einen konstanten Faktor) bekannt. Optimalitätskriterien für nichtlineare Ansätze müssen diese Tatsache berücksichtigen. Die sogenannten lokalen Optimalitätskriterien (vgl. CHERNOFF [1]) ersetzen dabei die unbekannten Parameter durch bekannte Näherungen und wirken dann wie im linearen Fall. Weitere Überlegungen zu Versuchsplänen für *nichtlineare Modelle* kann man z. B. in den Arbeiten BOX [4] und [5], EHRENFELD [1], HOHMANN/JUNG [1] und KIEFER [2] sowie in der dort zitierten Literatur finden.

Ist die Voraussetzung der Unkorreliertheit für die Komponenten des Beobachtungsvektors $\mathfrak{Y}$ nicht mehr erfüllt, dann bereitet die Berechnung optimaler Versuchspläne große Schwierigkeiten.

---

[1]) Versuchspläne, die sich nur in der Reihenfolge ihrer Punkte unterscheiden, werden als gleich angesehen.

Wird als Zielgröße $Y(x)$ ein stochastischer Prozeß zweiter Ordnung

$$Y(x) = \sum_{i=1}^{r} \Theta_i f_i(x) + \varepsilon(x)$$

mit dem Fehlerprozeß $\varepsilon(x)$ auf dem Intervall $[0, 1]$ beobachtet, dann ist unter einschränkenden Bedingungen an die Korrelationsfunktion $R(x', x)$ von $\varepsilon(x)$ eine Konstruktion optimaler Versuchspläne möglich (vgl. SACKS/YLVISAKER [1, 2, 3]). Da die Bestimmung eines optimalen Planes für ein endliches n schwierig ist, wird eine sogenannte asymptotisch optimale Folge von Plänen über die Lösung einer Integralgleichung konstruiert, die von einer geeignet zu wählenden Dichtefunktion abhängt. Es sind bisher nur sehr wenig praktische Anwendungen für dieses Verfahren bekannt.

1.4. *Eigenschaften der Versuchspläne*

1.4.1. *Affininvarianz*

Für ein gegebenes Regressionsmodell

$$\eta(\boldsymbol{x}, \Theta) = \boldsymbol{f}(\boldsymbol{x})' \, \Theta, \; \boldsymbol{B}_{\mathfrak{Y}} = \sigma^2 \boldsymbol{E}_n, \; V, H \qquad (1.60\text{a})$$

hängen die optimalen Pläne außer von den Funktionen $f_i(\boldsymbol{x})$ des Regressionsansatzes auch von den vorgegebenen Bereichen V und H ab. Diese Pläne müssen daher i. allg. von neuem berechnet werden, wenn das Modell (1.60a) in das Regressionsmodell

$$\eta(\boldsymbol{x}, \Theta) = \boldsymbol{f}(\boldsymbol{x})' \, \Theta, \; \boldsymbol{B}_{\mathfrak{Y}} = \sigma^2 \boldsymbol{E}_n, \; \tilde{V}, \tilde{H} \qquad (1.60\text{b})$$

abgeändert wird, das sich nur in $\tilde{V}$ und $\tilde{H}$ von (1.60a) unterscheidet. Das Modell (1.60b) und insbesondere die Bereiche $\tilde{V}$ und $\tilde{H}$ können z. B. aus einer praktischen Aufgabenstellung resultieren, während optimale Pläne vielleicht nur für das Modell (1.60a) bekannt sind. Von praktischem Interesse bei der Versuchsplanung sind daher vor allem die Fälle, in denen man von optimalen Plänen für (1.60a) direkt auf optimale Pläne für (1.60b) schließen kann.

Häufig läßt sich eine Abbildung der Bereiche V und H auf die interessierenden Bereiche $\tilde{V}$ und $\tilde{H}$ durch folgende Transformation des Euklidischen Raumes R^k, dem alle vier Bereiche angehören mögen, erreichen.

Zuerst werde der Raum R^k um den Ursprung gedreht, sodann werde der Maßstab der Koordinatenachsen verändert, und schließlich werde der Ursprung in einer gegebenen Richtung und um einen gewissen Betrag verschoben. Auf diese Weise kann man zum Beispiel ein gegebenes spezielles Parallelepiped auf den Einheitswürfel und ein gegebenes Ellipsoid auf die Einheitskugel um den Ursprung abbilden, jedoch nicht etwa die Einheitskugel auf den Einheitswürfel. Solche Abbildungen $\boldsymbol{z} = \boldsymbol{g}(\boldsymbol{x})$ des Euklidischen Raumes auf sich nennt man *affine Abbildungen*. Sie sind jeweils durch eine reguläre Matrix $\boldsymbol{A}$ und einen Vektor $\boldsymbol{b}$ gegeben, mit denen sich die Transformation der Punkte $\boldsymbol{x}$ in die Bildpunkte $\boldsymbol{z}$ als

$$\boldsymbol{z} = \boldsymbol{g}(\boldsymbol{x}) = \boldsymbol{A}\boldsymbol{x} + \boldsymbol{b}$$

schreiben läßt.

Sei nun $\boldsymbol{g}$ eine affine Abbildung von V auf $\tilde{V}$ und von H auf $\tilde{H}$. Dann werden die Versuchspläne $V_n^* = (\boldsymbol{x}_1^*, \ldots, \boldsymbol{x}_n^*)$, die für das Modell (1.60a) optimal sein sollen, *affininvariant* bezüglich $\boldsymbol{g}$ genannt, wenn die Versuchspläne $V_n^{**} = \big(\boldsymbol{g}(\boldsymbol{x}_1^*), \ldots, \boldsymbol{g}(\boldsymbol{x}_n^*)\big)$ für das Modell (1.60b) bezüglich desselben Optimalitätskriteriums ebenfalls optimal sind. Affininvariante Versuchspläne besitzen also die angenehme Eigenschaft, daß ihr Spektrum mit derselben Transformation $\boldsymbol{g}$ wie der Versuchsbereich verändert wird und daß die Gewichte p_l^* nicht geändert zu werden brauchen (s. auch S. 74).

Leider ist es so, daß ein und derselbe optimale Plan bezüglich einer affinen Abbildung affininvariant sein kann, während er es bezüglich einer anderen affinen Abbildung nicht zu sein braucht.

Der Begriff der Affininvarianz legt es nahe, nach Bedingungen zu suchen, unter denen ein optimaler Plan affininvariant bezüglich einer affinen Abbildung ist (vgl. FABIAN/JUNG [1]).

Satz 1.2: *Wenn zu der affinen Abbildung* $\boldsymbol{g}$ *eine nichtsinguläre Matrix* $\boldsymbol{C}$ *existiert, so daß* $\boldsymbol{f}(\boldsymbol{g}(\boldsymbol{x})) = \boldsymbol{C}\boldsymbol{f}(\boldsymbol{x})$ *für alle* $\boldsymbol{x} \in (V \cup H)$ *gilt, dann sind alle G- oder D-optimalen Versuchspläne für das Modell (1.60a) auch affininvariant bezüglich der affinen Abbildung* $\boldsymbol{g}$ *von* V *auf* $\tilde{V}$ *und von* H *auf* $\tilde{H}$.

Beim Beweis des Satzes wird die Tatsache ausgenutzt, daß für zwei Pläne $\xi = \{\boldsymbol{x}_l, p_l\}_{l=1}^m$ und $\tilde{\xi} = \{\boldsymbol{g}(\boldsymbol{x}_l), p_l\}_{l=1}^m$, die durch $\boldsymbol{g}$ miteinander gekoppelt sind, die Beziehungen

$$\begin{aligned}\boldsymbol{M}(\tilde{\xi}) &= \sum_{l=1}^{m} p_l \boldsymbol{f}(\boldsymbol{g}(\boldsymbol{x}_l))\, \boldsymbol{f}(\boldsymbol{g}(\boldsymbol{x}_l))' \\ &= \boldsymbol{C}\left(\sum_{l=1}^{m} p_l \boldsymbol{f}(\boldsymbol{x}_l)\, \boldsymbol{f}(\boldsymbol{x}_l)'\right)\boldsymbol{C}' = \boldsymbol{C}\boldsymbol{M}(\xi)\,\boldsymbol{C}'\end{aligned}$$

und

$$\begin{aligned}\boldsymbol{f}(\boldsymbol{g}(\boldsymbol{x}))'\, \boldsymbol{M}^{-1}(\tilde{\xi})\, \boldsymbol{f}(\boldsymbol{g}(\boldsymbol{x})) &= \boldsymbol{f}(\boldsymbol{x})\, \boldsymbol{C}'(\boldsymbol{C}\boldsymbol{M}(\xi)\, \boldsymbol{C}')^{-1}\, \boldsymbol{C}\boldsymbol{f}(\boldsymbol{x}) \\ &= \boldsymbol{f}(\boldsymbol{x})\, \boldsymbol{M}^{-1}(\xi)\, \boldsymbol{f}(\boldsymbol{x})\end{aligned}$$

gelten und daß mithin die Determinante $\det(\boldsymbol{M}(\tilde{\xi}))$ proportional zu $\det(\boldsymbol{M}(\xi))$ ist und daß

$$\begin{aligned}\max_{\boldsymbol{x}\in H} \boldsymbol{f}(\boldsymbol{x})'\, \boldsymbol{M}^{-1}(\tilde{\xi})\, \boldsymbol{f}(\boldsymbol{x}) &= \max_{\boldsymbol{x}\in H} \boldsymbol{f}(\boldsymbol{g}(\boldsymbol{x}))'\, \boldsymbol{M}^{-1}(\tilde{\xi})\, \boldsymbol{f}(\boldsymbol{g}(\boldsymbol{x})) \\ &= \max_{\boldsymbol{x}\in H} \boldsymbol{f}(\boldsymbol{x})'\, \boldsymbol{M}^{-1}(\xi)\, \boldsymbol{f}(\boldsymbol{x})\end{aligned}$$

gilt.

Wie man zeigen kann, enthält Satz 1.2 nur eine hinreichende Bedingung für die Affininvarianz.

Beispiel: Seien $\eta(x, \boldsymbol{\Theta}) = \Theta_0 + \Theta_1 x + \Theta_2 x^2$, $\boldsymbol{B}\mathfrak{y} = \sigma^2 \boldsymbol{E}_n$, $V = H = [-1; +1]$, $\tilde{V} = \tilde{H} = [0; 2]$. Durch $g(x) = x + 1$ ist eine affine Abbildung von V auf $\tilde{V}$ und von H auf $\tilde{H}$ gegeben. Wichtig bei dieser Verschiebung des Punktes x nach $x + 1$ ist der Umstand, daß der Regressionsansatz ein Absolutglied enthält. Ohne dieses Glied wäre die Matrix $\boldsymbol{C}$ nicht konstruierbar, und man müßte andere Wege suchen, um zu überprüfen, ob ein gegebener optimaler Plan affininvariant bezüglich g ist. Es gilt

$$\boldsymbol{f}(g(x)) = \begin{bmatrix} 1 \\ x+1 \\ (x+1)^2 \end{bmatrix} = \begin{bmatrix} 1 & 0 & 0 \\ 1 & 1 & 0 \\ 1 & 2 & 1 \end{bmatrix} \begin{bmatrix} 1 \\ x \\ x^2 \end{bmatrix} = \boldsymbol{C}\boldsymbol{f}(x) \quad \text{mit}$$

$$\boldsymbol{C} = \begin{bmatrix} 1 & 0 & 0 \\ 1 & 1 & 0 \\ 1 & 2 & 1 \end{bmatrix}$$

Nach Satz 2.1 muß also z. B. der Plan $V_n^{**} = (x_1^* + 1, \ldots, x_n^* + 1)$ G-optimal für das Modell mit $\tilde{V} = \tilde{H} = [0; 2]$ sein, wenn der Plan $V_n^* = (x_1^*, \ldots, x_n^*)$ G-optimal für das Modell mit $V = H = [-1; +1]$ ist.

Wenn man von Fabian/Jung [1] absieht, so hat der Gedanke der Affininvarianz in der Literatur zur optimalen Versuchsplanung bisher keine größere Beachtung gefunden. Lediglich in der Arbeit Kiefer/Wolfowitz [1] wird für den Fall der polynomialen Regression in einer Variablen die Existenz von A- und E-optimalen Plänen erwähnt, die nicht affininvariant sind. Für die Anwendung bekannter optimaler Versuchspläne ist die Kenntnis über deren Affininvarianzeigenschaften von großer Wichtigkeit. Deshalb wird insbesondere im Abschnitt 2.2. bei der Zusammenstellung optimaler Versuchspläne noch einmal auf den Begriff der Affininvarianz eingegangen.

1.4.2. Orthogonalität und Drehbarkeit

Die Menge aller Versuchspläne vom Umfang n für einen Versuchsbereich V ist häufig von sehr unübersichtlicher und komplizierter Struktur. Daher ist es aus praktischen

Gründen vielfach ratsam, nur gewisse Teilmengen mit einfacherer Struktur zu betrachten, indem man von den Plänen zusätzliche praktisch sinnvolle Eigenschaften fordert.

Ein konkreter Versuchsplan V_n soll *orthogonal* heißen, wenn seine Informationsmatrix $\boldsymbol{M}(V_n)$ eine Diagonalmatrix ist. Die Zeilen von $\boldsymbol{F}'$ sind dann paarweise orthogonale Vektoren. Selbstverständlich ist dann auch $\boldsymbol{M}^{-1}(V_n)$ eine Diagonalmatrix, und die Schätzungen nach (1.15) sind für die einzelnen Koeffizienten des Ansatzes unkorreliert, im Fall normalverteilter Zielgröße $Y(\boldsymbol{x})$ sogar unabhängig voneinander.

Ein konkreter Versuchsplan V_n für einen zum Koordinatenursprung symmetrischen Versuchsbereich V soll *drehbar* genannt werden, wenn die Varianzfunktion $D^2\hat{Y}(\boldsymbol{x})$ der Schätzung für $\eta(\boldsymbol{x})$ nur vom Abstand $\varrho = |\boldsymbol{x}|$ des Punktes $\boldsymbol{x}$ vom Ursprung abhängt

$$D^2\hat{Y}(\boldsymbol{x}) = \sigma^2 \boldsymbol{f}(\boldsymbol{x})' \, (\boldsymbol{F}'\boldsymbol{F})^{-1} \boldsymbol{f}(\boldsymbol{x}) = h(\varrho). \tag{1.61}$$

Für den Spezialfall, daß der Regressionsansatz $\tilde{\eta}(\boldsymbol{x}, \boldsymbol{\Theta})$ eine Hyperebene im R^{k+1} ist,

$$\tilde{\eta}(\boldsymbol{x}, \boldsymbol{\Theta}) = \Theta_0 + \sum_{i=1}^{k} \Theta_i x_i, \tag{1.62}$$

erhält man leicht eine zu (1.61) äquivalente Definition der Drehbarkeit. Für den Ansatz (1.62) ist $f_1(\boldsymbol{x}) \equiv 1$, $f_i(\boldsymbol{x}) = x_{i-1}$ $(i = 2, \ldots, k + 1)$ und die Matrix $\boldsymbol{F}'$ hat die Gestalt

$$\boldsymbol{F}' = \begin{pmatrix} 1 & 1 & \cdots & 1 \\ \boldsymbol{x}_1 & \boldsymbol{x}_2 & \cdots & \boldsymbol{x}_n \end{pmatrix}; \quad \boldsymbol{x}_i \in V \subset R^k. \tag{1.63}$$

Sei $\boldsymbol{C}_k$ eine orthogonale Matrix k-ter Ordnung (d. h. $\boldsymbol{C}_k'\boldsymbol{C}_k = \boldsymbol{C}_k\boldsymbol{C}_k' = \boldsymbol{E}_k$), dann läßt sich eine Drehung des Raumes R^k um den Ursprung in der Form

$$\boldsymbol{y} = \boldsymbol{C}_k\boldsymbol{x} \tag{1.64}$$

darstellen, wobei $\boldsymbol{x}$ die Koordinaten eines Punktes vor der Drehung und $\boldsymbol{y}$ die Koordinaten dieses Punktes nach der Drehung bedeuten. Um ausführliche Sonderüberlegungen für die erste Zeile von $\boldsymbol{F}'$ in (1.63) zu umgehen, betrachtet man spezielle orthogonale Matrizen $\overline{\boldsymbol{C}}_{k+1}$ der Ordnung $k + 1$

$$\overline{\boldsymbol{C}}_{k+1} = \begin{pmatrix} 1 & 0 \cdots 0 \\ 0 & \\ \vdots & \boldsymbol{C}_k \\ 0 & \end{pmatrix} \tag{1.65}$$

mit denen für den Ansatz (1.62) wegen (1.64) dann

$$\boldsymbol{f}(\boldsymbol{y}) = \overline{\boldsymbol{C}}_{k+1}\boldsymbol{f}(\boldsymbol{x}) \tag{1.66}$$

gilt. Wie sich zeigen läßt (Box/Hunter [2]), ist ein Plan für den Ansatz (1.62) genau dann drehbar, wenn für jede orthogonale Matrix $\overline{\boldsymbol{C}}_{k+1}$ der Form (1.65) die Gleichung

$$n\boldsymbol{M}(V_n) = (\boldsymbol{F}'\boldsymbol{F}) = \overline{\boldsymbol{C}}'_{k+1}(\boldsymbol{F}'\boldsymbol{F})\,\overline{\boldsymbol{C}}_{k+1} = n\boldsymbol{M}(\boldsymbol{C}_k V_n) \tag{1.67}$$

erfüllt ist, wobei für den gedrehten Plan die Bezeichnung $\boldsymbol{C}_k V_n = (\boldsymbol{C}_k\boldsymbol{x}_1, \ldots, \boldsymbol{C}_k\boldsymbol{x}_n)$ eingeführt wurde.

Die Äquivalenz von (1.67) mit (1.61) läßt sich mit entsprechenden Matrizen $\boldsymbol{C}$ auch noch für Regressionsansätze zeigen, die Polynome d-ten Grades in den Komponenten von $\boldsymbol{x}$ sind (vgl. Box/Hunter [2], Kiefer [4]).

In der Arbeit Box/Hunter [2], in der der Begriff der Drehbarkeit eingeführt wurde, und in weiteren Arbeiten werden nur solche orthogonalen bzw. drehbaren Versuchspläne betrachtet, deren Versuchspunkte komponentenweise *standardisiert* sind.

Die Komponenten der Versuchspunkte im Plan V_n werden standardisiert, indem man die Vektoren $\boldsymbol{x}_j - \overline{\boldsymbol{x}}$, wobei $\overline{\boldsymbol{x}} = \frac{1}{n} \sum_{j=1}^{n} \boldsymbol{x}_j$ ist, komponentenweise durch die

„empirische Standardabweichung" dividiert, d. h., die Komponenten z_{ji} des standardisierten Punktes $\boldsymbol{z}_j$ erhält man durch

$$z_{ji} = \frac{x_{ji} - \bar{x}_i}{s_i}; \quad s_i = \left(\frac{1}{n} \sum_{j=1}^{n} (x_{ji} - \bar{x}_i)^2\right)^{1/2} \tag{1.68}$$

$(i = 1, \ldots, k;\ j = 1, \ldots, n)$.

1.5. Diskrete Versuchspläne

Für einen konkreten Plan V_n (1.38) müssen die Gewichte p_l $(l = 1, \ldots, m)$ der einzelnen Punkte $\boldsymbol{x}_l$ des Spektrums $S(V_n)$ ganzzahlige Vielfache von $1/n$ sein, da sie angeben, wie oft $\boldsymbol{x}_l$ als Versuchspunkt gewählt werden soll. Verzichtet man auf diese konkrete Bedeutung der Gewichte und läßt für die p_l alle Zahlen aus dem Intervall (0, 1] zu, für die $\sum_{l=1}^{m} p_l = 1$ ist, so stellt der Ausdruck

$$\begin{Bmatrix} \boldsymbol{x}_1, \ldots, \boldsymbol{x}_m \\ p_1, \ldots, p_m \end{Bmatrix} = \begin{Bmatrix} \boldsymbol{x}_l, p_l \end{Bmatrix}_{l=1}^{m}; \quad \sum_{l=1}^{m} p_l = 1,\ p_l \in (0, 1] \tag{1.69}$$

im allgemeinen keinen konkreten Versuchsplan für irgendeinen Umfang n mehr dar. Jeder konkrete Versuchsplan V_n hat jedoch die Form (1.69), und aus einem Ausdruck (1.69) kann man nach Multiplikation der Gewichte p_l mit n und Rundung der Zahlen np_l konkrete Versuchspläne erhalten. Weil schließlich die mathematische Behandlung der optimalen Versuchsplanung erleichtert wird, wenn man statt konkreter Versuchspläne Ausdrücke der Form (1.69) betrachtet, ist es sinnvoll, (1.69) als Verallgemeinerung von (1.38) zu wählen und ebenfalls als Versuchsplan, zur Unterscheidung von (1.38) als diskreten Versuchsplan, zu bezeichnen.

Ein *diskreter Versuchsplan*

$$\xi = \begin{Bmatrix} \boldsymbol{x}_l, p_l \end{Bmatrix}_{l=1}^{m}; \quad \sum_{l=1}^{m} p_l = 1,\ p_l \in (0, 1],\ \boldsymbol{x}_l \in V \tag{1.70}$$

ist also eine Gewichtsfunktion, die jedem Punkt $\boldsymbol{x}_l$ ($l = 1, \ldots, m$) seines *Spektrums* $S(\xi) = \{\boldsymbol{x}_1, \ldots, \boldsymbol{x}_m\}$ das entsprechende Gewicht $\xi(\boldsymbol{x}_l) = p_l$ und allen Punkten $\boldsymbol{x} \in V$, die nicht in seinem Spektrum vorkommen, das Gewicht 0 zuordnet.

Damit wird eine weitere Verallgemeinerung nahegelegt. Als *stetiger Versuchsplan* wird eine nichtnegative Gewichtsfunktion[1]) ξ bezeichnet, wenn für sie in Analogie zu $\sum_{l=1}^{m} p_l = 1$ die Normierung $\int_V \xi(d\boldsymbol{x}) = 1$ gilt. Die Verteilung des Gesamtgewichtes 1 auf den Versuchsbereich V kann also z. B. über eine Dichtefunktion geschehen. Andererseits ist natürlich ein diskreter Plan mit $\xi(\boldsymbol{x}_l) = p_l$ ($l = 1, \ldots, m$) ein Spezialfall eines stetigen Versuchsplanes.

Aus (1.70) und (1.38) ist ersichtlich, daß ein konkreter Versuchsplan V_n auch als ein spezieller stetiger Versuchsplan aufgefaßt werden kann.

Als Grundlage für die Beurteilung eines konkreten Versuchsplanes V_n wurde im Abschnitt 1.3. die Informationsmatrix $\boldsymbol{M}(V_n)$ (vgl. (1.40) und (1.44)) benutzt. Beachtet man, daß der konkrete Plan V_n jedem seiner n Punkte $\boldsymbol{x}_j$ das Gewicht $1/n$ zuordnet, so ergibt sich die folgende Verallgemeinerung der Informationsmatrix für einen stetigen Versuchsplan ξ

$$\boldsymbol{M}(\xi) = \begin{pmatrix} \int_V f_1(\boldsymbol{x})\, f_1(\boldsymbol{x})\, \xi(d\boldsymbol{x}) & \cdots & \int_V f_1(\boldsymbol{x})\, f_r(\boldsymbol{x})\, \xi(d\boldsymbol{x}) \\ \vdots & & \\ \int_V f_1(\boldsymbol{x})\, f_r(\boldsymbol{x})\, \xi(d\boldsymbol{x}) & \cdots & \int_V f_r(\boldsymbol{x})\, f_r(\boldsymbol{x})\, \xi(d\boldsymbol{x}) \end{pmatrix} \tag{1.71}$$

[1]) Sei $\mathfrak{B}$ eine σ-Algebra, die von den offenen Teilmengen von V erzeugt wird und die speziell alle einelementigen Teilmengen von V enthält, dann ist ξ ein normiertes Maß auf dem meßbaren Raum $[V, \mathfrak{B}]$.

und speziell für einen diskreten Versuchsplan
$\xi = \{\boldsymbol{x}_l, p_l\}_{l=1}^m$

$$\boldsymbol{M}(\xi) = \begin{pmatrix} \sum_{l=1}^m p_l f_1(\boldsymbol{x}_l)\, f_1(\boldsymbol{x}_l) \cdots \sum_{l=1}^m p_l f_1(\boldsymbol{x}_l)\, f_r(\boldsymbol{x}_l) \\ \vdots \\ \sum_{l=1}^m p_l f_1(\boldsymbol{x}_l)\, f_r(\boldsymbol{x}_l) \cdots \sum_{l=1}^m p_l f_r(\boldsymbol{x}_l)\, f_r(\boldsymbol{x}_l) \end{pmatrix} \tag{1.72}$$

$$= \sum_{l=1}^m p_l \boldsymbol{f}(\boldsymbol{x}_l)\, \boldsymbol{f}(\boldsymbol{x}_l)'.$$

Man nennt $\boldsymbol{M}(\xi)$ die *Informationsmatrix des Planes* ξ. Faßt man den konkreten Versuchsplan V_n als diskreten Versuchsplan ξ auf, so gilt offensichtlich $\boldsymbol{M}(V_n) = \boldsymbol{M}(\xi)$.

Als *Optimalitätskriterien* verwendet man die entsprechenden Verallgemeinerungen der Kriterien (1.49) bis (1.56), wobei die Optimierung nun über eine Menge[1]) von stetigen oder von diskreten Versuchsplänen ξ erstreckt wird. Diese Menge soll im folgenden mit $\left\{\xi \mid \int_V \xi(d\boldsymbol{x}) = 1, \det \boldsymbol{M}(\xi) \neq 0\right\}$ oder, wenn keine Verwechslung möglich ist, kurz mit $\{\xi\}$ bezeichnet werden (vgl. (1.48)). So heißt also nunmehr z. B. ein Plan ξ^* *D-optimal*, wenn gilt:

$$\min_{\xi \in \{\xi\}} \det \boldsymbol{M}^{-1}(\xi) = \det \boldsymbol{M}^{-1}(\xi^*). \tag{1.73}$$

Wenn man als Optimalitätskriterium nur Funktionale von $\boldsymbol{M}^{-1}(\xi)$ zuläßt, dann kann man sich in der Menge $\{\xi\}$ auf diskrete Versuchspläne beschränken. Zu jedem beliebigen stetigen Plan ξ gibt es unter den Voraussetzungen über V und $\boldsymbol{f}(\boldsymbol{x})$ (vgl. Abschnitt 1.1.) stets einen diskreten Plan $\xi = \{\boldsymbol{x}_l, p_l\}_{l=1}^m$, der dieselbe Informationsmatrix

---

[1]) Meist wählt man dafür die Menge aller auf 1 normierten Maße ξ über dem in Fußnote auf S. 37 angegebenen meßbaren Raum $[V, \mathfrak{B}]$.

$M(\xi)$ hat, und für den die Anzahl m der Punkte des Spektrums $S(\xi)$ nicht größer als $r(r+1)/2+1$ ist. Einen Beweis dafür findet man in KIEFER [2]. Bei der Optimierung kann man sich bezüglich $\{\xi\}$ also sogar auf solche diskreten Pläne beschränken, deren Spektren jeweils nicht mehr als $r(r+1)/2+1$ Punkte enthalten.

Der Übergang von konkreten Plänen zu diskreten Plänen bietet, wie schon erwähnt, gewisse Vorteile (vgl. KIEFER [4]). Wenn man sich bei der Optimierung auf konkrete Pläne beschränkt, zeigen sich oft schwierige kombinatorische Probleme, die keine einfachen Lösungsmethoden erlauben, während für diskrete Pläne häufig einfache Berechnungsverfahren existieren. Optimale diskrete Pläne sind von n unabhängig. Wenn die Gewichte eines optimalen diskreten Planes rationale Zahlen sind, so läßt sich dieser Plan für gewisse n leicht in einen konkreten Plan überführen. Stets jedoch kann ein diskreter optimaler Plan für hinreichend großes n ohne großen Optimalitätsverlust zu einem konkreten Plan gerundet werden.

Wenn jedoch die Aufwendungen für die Versuche eine große Rolle spielen (für diesen Fall wird die Versuchsplanung in der Regel erst bedeutungsvoll), dann wird man einen kleinen Planumfang n fordern müssen. Da die Lage eines einzelnen Punktes bei kleiner Anzahl n einen größeren relativen Einfluß auf den Wert des Funktionals ausüben wird als bei großem n, wird die Rundung eines diskreten optimalen Planes auf einen konkreten Plan für kleines n häufig unbefriedigend sein. Für diesen Fall bietet ein optimaler diskreter Plan höchstens einen Anhaltspunkt für die dann noch notwendige Suche nach einem optimalen konkreten Plan.

Um eine Näherung für einen konkreten optimalen Plan beurteilen zu können, muß man die Funktionalwerte des konkreten optimalen Planes vom Umfang n und der Näherung kennen. Der Funktionalwert der Näherung kann berechnet werden, derjenige des konkreten optimalen Planes ist i. allg. unbekannt. Für eine wichtige

Klasse von Funktionalen gibt es jedoch eine zweiseitige Ungleichung für den Funktionalwert des konkreten optimalen Planes, wenn ein diskreter optimaler Plan bekannt ist. Diese *Ungleichung* wurde von FEDOROV gefunden (FEDOROV [3]). FEDOROV betrachtet Funktionale W der Informationsmatrix $\boldsymbol{M}$ mit den Eigenschaften

$$W[\boldsymbol{A} + \boldsymbol{B}] \geqq W[\boldsymbol{A}]; \; W[k\boldsymbol{A}] = kW[\boldsymbol{A}] \tag{1.74}$$

für alle positiv semidefiniten Matrizen $\boldsymbol{A}$ und $\boldsymbol{B}$. Für die Pläne $V_n{}^*$ und ξ^*, die durch

$$\max_{V_n \in \{V_n\}} W[\boldsymbol{M}(V_n)] = W[\boldsymbol{M}(V_n{}^*)] \tag{1.75}$$

und

$$\max_{\xi \in \{\xi\}} W[\boldsymbol{M}(\xi)] = W[\boldsymbol{M}(\xi^*)] \tag{1.76}$$

definiert sind, gilt die FEDOROVsche Ungleichung

$$\frac{n-m}{n} W[\boldsymbol{M}(\xi^*)] \leqq W[\boldsymbol{M}(V_n{}^*)] \leqq W[\boldsymbol{M}(\xi^*)], \tag{1.77}$$

wobei m der Umfang des Spektrums $S(\xi^*)$ ist. Man beachte, daß W kein Funktional aus den Optimalitätskriterien ist, W ist Funktional von $\boldsymbol{M}$, und es wird maximiert. Die Ungleichung ist nur für $n > m$ interessant, für $n \leqq m$ wird sie trivial, denn wegen (1.74) ist $W[\boldsymbol{A}] \geqq 0$ für alle positiv semidefiniten Matrizen $\boldsymbol{A}$.

Um zu einer Abschätzung für D-optimale Pläne zu kommen, wählt man das Funktional $W[\boldsymbol{A}] = (\det(\boldsymbol{A}))^{1/r}$. Nach einem Ergebnis von MINKOWSKI gilt für positiv semidefinite r-reihige Matrizen $\boldsymbol{A}$ und $\boldsymbol{B}$ stets $(\det(\boldsymbol{A} + \boldsymbol{B}))^{1/r} \geqq (\det(\boldsymbol{A}))^{1/r} + (\det(\boldsymbol{B}))^{1/r}$. Da $\det(\boldsymbol{B}) \geqq 0$ und $\det(k\boldsymbol{A}) = k^r \det(\boldsymbol{A})$ ist, sind die Bedingungen (1.74) für das Funktional W erfüllt.

Aus der FEDOROVschen Ungleichung

$$\left(\frac{n-m}{n}\right)^r \det(\boldsymbol{M}(\xi^*)) \leqq \det(\boldsymbol{M}(V_n{}^*)) \leqq \det(\boldsymbol{M}(\xi^*))$$

folgt für das Funktional det $(\boldsymbol{M}^{-1})$

$$\det\left(\boldsymbol{M}^{-1}(\xi^*)\right) \leqq \det\left(\boldsymbol{M}^{-1}(V_n^*)\right) \leqq \left(\frac{n}{n-m}\right)^r \det\left(\boldsymbol{M}^{-1}(\xi^*)\right). \tag{1.78}$$

Im Fall der G-Optimalität nimmt man als Funktional $W[\boldsymbol{M}] = \min_{x \in H} [\boldsymbol{f}(\boldsymbol{x})' \boldsymbol{M}^{-1} \boldsymbol{f}(\boldsymbol{x})]^{-1}$. Die Bedingungen (1.74) sind erfüllt, weil für positiv definite Matrizen aus $\boldsymbol{A} \geqq \boldsymbol{B}$ sofort $\boldsymbol{A}^{-1} \leqq \boldsymbol{B}^{-1}$ folgt. Die FEDOROVsche Ungleichung (1.77) läßt sich für das Funktional $\max_{x \in H} \boldsymbol{f}(\boldsymbol{x})' \boldsymbol{M}^{-1} \boldsymbol{f}(\boldsymbol{x})$ der G-Optimalität offensichtlich auf die Form

$$\begin{aligned} \max_{x \in H} \boldsymbol{f}(\boldsymbol{x})' \boldsymbol{M}^{-1}(\xi^*) \boldsymbol{f}(\boldsymbol{x}) &\leqq \max_{x \in H} \boldsymbol{f}(\boldsymbol{x})' \boldsymbol{M}^{-1}(V_n^*) \boldsymbol{f}(\boldsymbol{x}) \\ &\leqq \frac{n}{n-m} \max_{x \in H} \boldsymbol{f}(\boldsymbol{x})' \boldsymbol{M}^{-1}(\xi^*) \boldsymbol{f}(\boldsymbol{x}) \end{aligned} \tag{1.79}$$

umschreiben. Die Ungleichung (1.79) wurde von WYNN für den Fall $V = H$ verschärft zu

$$r \leqq \max_{x \in V} \boldsymbol{f}(\boldsymbol{x})' \boldsymbol{M}^{-1}(V_n^*) \boldsymbol{f}(\boldsymbol{x}) \leqq \frac{nr}{n+1-r} \tag{1.79a}$$

und (1.78) wurde von ATWOOD verschärft zu

$$\begin{aligned} \det\left(\boldsymbol{M}^{-1}(\xi^*)\right) &\leqq \det\left(\boldsymbol{M}^{-1}(V_n^*)\right) \\ &\leqq \frac{n^r}{n(n-1)\cdots(n-r+1)} \det\left(\boldsymbol{M}^{-1}(\xi^*)\right) \end{aligned}$$

(vgl. WYNN [2]). Für die Anwendung von (1.79a) braucht kein diskreter G-optimaler Plan bekannt zu sein.

1.6. *Weitere Probleme*

Ein anderer Weg zur optimalen Versuchsplanung (vgl. STONE [1]) geht davon aus, daß der Experimentator vor der Durchführung der Versuche (d. h. a priori) eine gewisse Kenntnis über den zu schätzenden Parametervektor Θ^* hat, die er (z. B. als subjektive Wahrscheinlichkeit) durch eine *a-priori-Wahrscheinlichkeitsdichte* $p(\Theta^*)$ ausdrücken kann. Sei ein konkreter Versuchsplan $V_n = (\boldsymbol{x}_1, \ldots, \boldsymbol{x}_n)$ gegeben, dann bezeichnet man mit $p(\boldsymbol{y} \mid \Theta^*; V_n)$ die bedingte Verteilungsdichte des Vektors $\mathfrak{Y} = (Y(\boldsymbol{x}_1), \ldots, Y(\boldsymbol{x}_n))'$, wobei Θ^* der Vektor aus den Parameterwerten der Wirkungsfläche ist. Weiterhin sei $p(\Theta^* \mid \mathfrak{y}; V_n)$ die bedingte Dichte des Parametervektors Θ^*, wenn für $\mathfrak{Y}$ die Realisierung $\mathfrak{y}$ erhalten wurde; man nennt sie die *a-posteriori-Wahrscheinlichkeitsdichte* und berechnet sie aus der BAYESschen Formel. Die a-posteriori-Verteilung gibt den Stand der Kenntnis über Θ^* nach der Durchführung des Versuchsplanes V_n an. Nach LINDLEY [1] wird als *Informationsgewinn der Durchführung des Planes* V_n

$$\Delta I(V_n) = I[p(\Theta^* \mid \mathfrak{y}; V_n)] - I[p(\Theta^*)] \tag{1.80}$$

mit dem Operator

$$I[p(\boldsymbol{u})] = \int p(\boldsymbol{u}) \ln p(\boldsymbol{u}) \, d\boldsymbol{u} \tag{1.81}$$

definiert, wobei das Integral über die Menge der möglichen Werte für den Vektor $\boldsymbol{u}$ zu erstrecken ist und existieren soll.

Man kann nun Versuchspläne V_n danach beurteilen, welchen Informationsgewinn ihre Durchführung liefern wird, und (1.80) für ein Optimalitätskriterium verwenden.

Ein konkreter Versuchsplan V_n^* heißt *S-optimal*, wenn gilt:

$$\max_{V_n \in \{V_n\}} \Delta I(V_n) = \Delta I(V_n^*). \tag{1.82}$$

Für eine beliebige Verteilung der Zielgröße $Y(\boldsymbol{x})$ und für beliebig vorgegebene Verteilungen $p(\Theta^*)$ ist eine Optimierung äußerst schwierig oder gar nicht möglich.

Wenn jedoch der Vektor $\mathfrak{Y}$ einer Normalverteilung mit der nichtsingulären Kovarianzmatrix $\boldsymbol{B}_{\mathfrak{Y}}$ genügt und die a-priori-Verteilung von Θ^* ebenfalls eine Normalverteilung mit der nichtsingulären Kovarianzmatrix $\boldsymbol{B}_{\Theta^*}$ ist, dann erhält man für $\Delta I(V_n)$ die Darstellung

$$\Delta I(V_n) = \frac{1}{2} \ln \det \left(\boldsymbol{E}_r + n\boldsymbol{B}_{\Theta^*}\boldsymbol{M}(V_n)\right)$$

$$\text{mit } n\boldsymbol{M}(V_n) = \boldsymbol{F}'\boldsymbol{B}_{\mathfrak{Y}}^{-1}\boldsymbol{F}. \tag{1.83}$$

Der Informationsgewinn (1.83) ist in diesem Falle ein Funktional W der Informationsmatrix. Wie man zeigen kann, gilt für $\boldsymbol{M}_1 \geqq \boldsymbol{M}_2$ auch $W[\boldsymbol{M}_1] \geqq W[\boldsymbol{M}_2]$.

Wenn die Elemente der Matrix $\left(n\boldsymbol{B}_{\Theta^*}\boldsymbol{M}(V_n)\right)^{-1}$ klein gegen 1 sind, dann gilt näherungsweise für (1.83)

$$\Delta I(V_n) = \frac{1}{2} \ln \det (\boldsymbol{B}_{\Theta^*}) + \frac{1}{2} \ln \det \left(n\boldsymbol{M}(V_n)\right)$$

und das Optimalitätskriterium (1.82) wird äquivalent zu dem der D-Optimalität (1.49).

Die Wahl des Informationsgewinns als zu optimierende Größe legt den Gedanken nahe, die notwendigen Versuche nacheinander, einzeln oder in Gruppen durchzuführen, um die jeweils bereits erhaltene Information für die weitere Versuchsplanung auszunutzen. Dieses Vorgehen ist vielfach möglich, üblich und wünschenswert und führt auf die Problematik der *sequentiellen Versuchsplanung*.

Auf diesem Gebiet wurden bisher besonders zwei bedeutungsvolle spezielle Probleme behandelt: Die Wahl des besten Regressionsmodells (Kapitel 4) und die Suche nach Punkten $\boldsymbol{x}$ des Prognosebereiches H, in denen die Wirkungsfläche ein Optimum über H annimmt (Abschnitt 3.5.). Mit solchen Aufgaben wird man z. B. bei der Prozeßidentifikation und bei der Prozeßsteuerung konfrontiert.

1.7. *Zusammenfassende Betrachtungen*

Die Entwicklung der Theorie der optimalen Versuchsplanung und ihre Anwendung in vielen Bereichen der

Wissenschaft und Technik entspricht einem praktischen Bedürfnis. Mit der wachsenden Kompliziertheit der Probleme steigt der Aufwand an Zeit und Mitteln, die für ihre Untersuchung notwendig sind. Damit wird aber auch die Forderung nach einer rationellen Verwendung der Mittel für die durchzuführenden Versuche immer dringender. Einen Zugang zur Erfüllung dieser berechtigten Forderung kann man finden, wenn man davon ausgeht, daß die Versuche nicht Selbstzweck sind, sondern stets zur Vorbereitung von Entscheidungen benötigt werden, sei es über die weitere Richtung der Forschung, über die Verwendung des Untersuchungsobjekts oder etwa über die Notwendigkeit und die Art eines Eingriffes in den untersuchten Produktionsprozeß.

Im vorliegenden Spezialfall der linearen Regression werden für die weiteren Entscheidungen Schätzungen für die Parameter Θ_i^* $(i = 1, \ldots, r)$ oder für die Wirkungsfläche $\eta(\boldsymbol{x})$ benötigt.[1]) Je genauer diese Schätzungen sind, um so besser kann man diese Größen bei den Entscheidungen berücksichtigen und einen durch die Unkenntnis der wahren Werte bedingten möglichen Schaden weitgehend verhindern.

Auf die Genauigkeit der Schätzungen kann man durch die Wahl des Schätzverfahrens und durch die Wahl der Versuchspunkte einwirken. Durch die Entscheidung für BLUE (d. h. für Schätzungen nach der MKQ bzw. der GLS) erreicht man eine maximale Genauigkeit im Sinne des GAUSS-MARKOV-Theorems. Hinsichtlich der Wahl der Versuchspunkte kann man sich entsprechend der speziellen Natur der vorgelegten Probleme für eines der angegebenen Optimalitätskriterien entscheiden.

Wenn nur der Koeffizientenvektor Θ^* der Wirkungsfläche von Interesse ist (z. B. bei der Abschätzung des Einflusses für jede der Einflußgrößen), dann wird man die Genauigkeit der Schätzungen $\hat{\Theta}_i$ $(i = 1, \ldots, r)$ zum

---

[1]) In gewissen Fällen werden auch Aussagen über die Struktur der Wirkungsfläche mit verlangt. Diesem Problem ist Kapitel 4 gewidmet.

Gegenstand der Optimierung machen. Je nach der Bedeutung dieser Koeffizienten für weitere Schlüsse wird man entweder das Mittel $\frac{1}{r} \sum_{i=1}^{r} D^2\hat{\Theta}_i$ der Varianzen der Koeffizientenschätzung (A-Optimalität), eine scharfe obere Schranke für $\max_i D^2\hat{\Theta}_i$ (E-Optimalität) oder die verallgemeinerte Varianz $\det\left(\frac{n}{\sigma^2} \boldsymbol{B}_{\hat{\Theta}}\right)$ (D-Optimalität), die die gegenseitige Abhängigkeit der Schätzungen $\hat{\Theta}_i$ berücksichtigt, zu minimieren suchen. Ist nur eine gewisse Linearkombination $\boldsymbol{c}'\boldsymbol{\Theta}^*$ der Koeffizienten Θ_i^* (z. B. speziell einer der Koeffizienten) von Interesse, dann wird man sich für die C-Optimalität bezüglich des speziellen Vektors $\boldsymbol{c}$ entscheiden. Das Problem der Extrapolation für den Punkt $\boldsymbol{x}_*$ läßt sich wegen $\eta(\boldsymbol{x}_*, \boldsymbol{\Theta}) = \boldsymbol{f}(\boldsymbol{x}_*)' \boldsymbol{\Theta}$ ebenfalls mit einer C-Optimalität behandeln und zwar bezüglich $\boldsymbol{f}(\boldsymbol{x}_*)$. Hat man eine a-priori-Verteilungsdichte für den gesuchten Koeffizientenvektor $\boldsymbol{\Theta}^*$, dann wird man die S-Optimalität wählen.

Für den Fall, daß die Wirkungsfläche $\eta(\boldsymbol{x})$ für den Prognosebereich H geschätzt werden muß, kann man sich für eine Minimierung entweder der maximalen Varianz $\max_{\boldsymbol{x}\in H} D^2\hat{Y}(\boldsymbol{x})$ (G-Optimalität) oder einer mit $p(\boldsymbol{x})$ gewichteten Varianz $\int_H D^2\hat{Y}(\boldsymbol{x})\, p(\boldsymbol{x})\, d\boldsymbol{x}$ (I-Optimalität) entscheiden.

Bei der Wahl des Planumfangs n kann man den Aufwand für die Durchführung eines Planes oder eventuelle Vorgaben bezüglich der Genauigkeit der Schätzungen berücksichtigen. Nimmt man z. B. an, daß der Aufwand für die Versuche allein vom Umfang n des Planes abhängt, dann kann man diesen Aufwand für verschiedenes n dem möglichen Genauigkeitsgewinn und damit dem durch Unkenntnis der wahren Werte bedingten möglichen Schaden gegenüberstellen. Man wird dann nur noch einige wenige Werte (möglicherweise nur noch einen Wert) für n als günstig ansehen, die dann als Varianten für die endgültige Entscheidung über den Versuchsplan benutzt werden.

Dieser Gedankengang wird in den Abschnitten 2.1.4. und 2.1.8. weiter verfolgt.

2. Optimale Versuchspläne und ihre Konstruktionsmethoden

Zwei Hauptaufgaben der Theorie der optimalen Versuchsplanung bestehen darin, für praktisch bedeutsame Regressionsprobleme die optimalen Versuchspläne anzugeben und Methoden bereitzustellen, mit denen optimale Pläne berechnet werden können. Eine Zusammenstellung der gebräuchlichsten Konstruktionsmethoden findet sich in Abschnitt 2.1. Die wichtigsten bekannten optimalen Versuchspläne sind in Abschnitt 2.2. angegeben.

2.1. Konstruktionsmethoden optimaler Versuchspläne

Ausgangspunkt der folgenden Überlegungen ist für alle $\boldsymbol{x} \in B$ das Modell

$$\eta(\boldsymbol{x}, \Theta) = \boldsymbol{f}(\boldsymbol{x})'\Theta = \Theta_1 f_1(\boldsymbol{x}) + \cdots + \Theta_r f_r(\boldsymbol{x}),$$

$$V = H \subset B, \boldsymbol{B}_{\mathfrak{Y}} = \sigma^2 \boldsymbol{E}_n. \qquad (2.1)$$

Die Funktionen $f_i(\boldsymbol{x})$ $(i = 1, \ldots, r)$ seien dabei über V stetig und linear unabhängig. Der Versuchsbereich V sei eine abgeschlossene und beschränkte Teilmenge des k-dimensionalen Euklidischen Raumes R^k. Die Beobachtungen mögen im Punkt $\boldsymbol{x}$ den Erwartungswert $\eta(\boldsymbol{x}, \Theta^*)$ besitzen, d. h. insbesondere, daß (2.1) ein wahres Modell ist. Die Größe von σ^2 braucht nicht bekannt zu sein.

Es werden nur solche Versuchspläne betrachtet, mit denen alle r Parameter eindeutig geschätzt werden können, d. h. für die die Inverse der Informationsmatrix existiert.

2.1.1. Zulässigkeit von Versuchsplänen

Bekanntlich lassen sich nicht alle Informationsmatrizen $\boldsymbol{M}(\xi)$ bezüglich der Relationen $\leqq$ bzw. $<$ vergleichen, wobei $\boldsymbol{M}(\xi_1) \leqq \boldsymbol{M}(\xi_2)$ bedeuten soll, daß $\boldsymbol{M}(\xi_2) - \boldsymbol{M}(\xi_1)$ positiv semidefinit ist (vgl. Abschnitt 1.3.) und $\boldsymbol{M}(\xi_1) < \boldsymbol{M}(\xi_2)$ bedeuten soll, daß $\boldsymbol{M}(\xi_2) - \boldsymbol{M}(\xi_1)$ positiv definit ist. Aber stets, wenn für zwei Informationsmatrizen $\boldsymbol{M}(\xi_1)$ und $\boldsymbol{M}(\xi_2)$ die Beziehung $\boldsymbol{M}(\xi_1) \leqq \boldsymbol{M}(\xi_2)$ erfüllt ist, wird der Plan ξ_2 von allen in Abschnitt 1.3. angegebenen Optimalitätskriterien bevorzugt, d. h., ξ_2 liefert die kleinere (bzw. höchstens dieselbe) Determinante, den kleineren (bzw. höchstens denselben) maximalen Eigenwert der Kovarianzmatrix des Schätzvektors usw. (vgl. Abschnitt 1.3.). Der Plan ξ_2 ist also im Sinne dieser Optimalitätskriterien besser.

Wenn man in der Klasse aller diskreten Versuchspläne bzw. in der Klasse aller konkreten Versuchspläne vom Umfang n einen optimalen Plan ermitteln will, kann man daher von vornherein alle die Versuchspläne ξ der jeweilig interessierenden Klasse außer Betracht lassen, zu denen es einen Versuchsplan $\bar{\xi}$ gibt mit

$$\boldsymbol{M}(\xi) \leqq \boldsymbol{M}(\bar{\xi}) \quad \text{und} \quad \boldsymbol{M}(\xi) \neq \boldsymbol{M}(\bar{\xi}) . \tag{2.2}$$

Bekanntlich ist (2.2) nicht äquivalent mit der Forderung

$$\boldsymbol{M}(\xi) < \boldsymbol{M}(\bar{\xi}), \tag{2.3}$$

denn aus (2.3) folgt (2.2), aber aus (2.2) folgt nicht (2.3). Das wird auch an dem Beispiel auf Seite 48 klar.

Entsprechend dieser Überlegung soll ein Versuchsplan ξ *zulässig* heißen, wenn es keinen Versuchsplan $\bar{\xi}$ gibt, für den (2.2) erfüllt ist. Bei der Suche nach einem optimalen Plan genügt es also, sich (in der entsprechenden Klasse konkreter oder diskreter Pläne) auf die zulässigen Versuchspläne zu beschränken. Hierbei gilt der folgende Satz (vgl. KARLIN/STUDDEN [2]):

Satz 2.1: *Der Plan* $\xi_0 = \{\boldsymbol{x}_l, p_l\}_{l=1}^m$ $(p_l > 0)$ *sei zulässig. Dann ist auch der Plan* $\xi = \{\boldsymbol{x}_l, q_l\}_{l=1}^m$ $(q_l \geqq 0)$ *zulässig.*[1])

Zulässigkeit ist also eine Eigenschaft des Spektrums $S(\xi) = \{\boldsymbol{x}_l \mid q_l > 0 \ (l = 1, \ldots, m)\}$ eines Versuchsplanes ξ und hängt nicht von den Gewichten p_l $(l = 1, \ldots, m)$ ab. (Diese Eigenschaft geht jedoch verloren, wenn statt aller r Parameter nur $s < r$ Parameter interessieren und die Zulässigkeitsdefinition entsprechend geändert wird. Vgl. ELFVING [3].)

Um die zulässigen Versuchspläne näher zu charakterisieren, erweist sich die Einführung maximaler Elemente als günstig (vgl. KIEFER [2]). Ein Element $\boldsymbol{x} \in V$ heißt *maximal*, wenn es kein $\tilde{\boldsymbol{x}} \in V$ gibt mit $\boldsymbol{f}(\tilde{\boldsymbol{x}}) = a\boldsymbol{f}(\boldsymbol{x})$, wobei a eine reelle Zahl mit $|a| > 1$ ist. Wenn der Regressionsansatz $\eta(\boldsymbol{x}, \Theta)$ ein Absolutglied enthält, wenn also der Vektor $\boldsymbol{f}(\boldsymbol{x})$ eine konstante Komponente hat, dann sind natürlich alle $\boldsymbol{x} \in V$ maximal.

Zulässige Versuchspläne dürfen im Spektrum nur maximale Elemente enthalten. Das wird an dem folgenden Beispiel deutlich.

Beispiel: Sei $\xi = \{\boldsymbol{x}_l, p_l\}_{l=1}^m$ ein Versuchsplan mit $\boldsymbol{M}(\xi) = \sum_{l=1}^{m} p_l \boldsymbol{f}(\boldsymbol{x}_l)\,\boldsymbol{f}(\boldsymbol{x}_l)'$. Zu $\boldsymbol{x}_1$ gebe es einen Punkt $\tilde{\boldsymbol{x}}_1$ mit $\boldsymbol{f}(\tilde{\boldsymbol{x}}_1) = \sqrt{2}\boldsymbol{f}(\boldsymbol{x}_1)$. Dann gilt für den Versuchsplan $\tilde{\xi} = \{\tilde{\boldsymbol{x}}_l, p_l\}_{l=1}^m$ $(\tilde{\boldsymbol{x}}_l = \boldsymbol{x}_l$ für $l = 2, \ldots, m)$, der sich nur in $\tilde{\boldsymbol{x}}_1$ von ξ unterscheidet:

$$\boldsymbol{M}(\tilde{\xi}) = \boldsymbol{M}(\xi) + p_1 \boldsymbol{f}(\boldsymbol{x}_1)\,\boldsymbol{f}(\boldsymbol{x}_1)',$$

d. h. $\boldsymbol{M}(\xi) \leqq \boldsymbol{M}(\tilde{\xi})$ und $\boldsymbol{M}(\xi) \neq \boldsymbol{M}(\tilde{\xi})$. Der Versuchsplan ξ ist also nicht zulässig. Die Ursache hierfür liegt darin, daß $\boldsymbol{x}_1$ kein maximales Element ist. Zugleich liefert $\tilde{\xi}$ ein Beispiel dafür, daß zwar (2.2) erfüllt ist, aber nicht (2.3).

---

[1]) Allgemeiner gilt für stetige Pläne: Sei ξ_0 ein zulässiger Plan. Dann ist jeder Plan ξ der Form $\xi(d\boldsymbol{x}) = \varphi(\boldsymbol{x})\,\xi_0(d\boldsymbol{x})$ mit $0 \leq \varphi(\boldsymbol{x}) \leq c$ (c Konstante) zulässig.

Ob ein gegebener diskreter Versuchsplan $\xi = \{\boldsymbol{x}_l, p_l\}_{l=1}^m$ mit dem Spektrum $S(\xi) = \{\boldsymbol{x}_1, \ldots, \boldsymbol{x}_m\}$ zulässig ist, kann durch den folgenden Satz (vgl. KARLIN/STUDDEN [2]) überprüft werden.

Satz 2.2: (a) *Wenn es eine positiv definite Matrix* $\boldsymbol{T}$ *gibt, so daß* $\boldsymbol{f}(\boldsymbol{x})' \boldsymbol{T}\boldsymbol{f}(\boldsymbol{x}) \leqq 1$ *für alle* $\boldsymbol{x} \in V$ *und Gleichheit für* $\boldsymbol{x} \in S(\xi)$ *gilt, dann ist* ξ *zulässig.*

(b) *Wenn* ξ *zulässig ist, dann existiert eine positiv semidefinite Matrix* $\boldsymbol{T}$ *(nicht notwendig positiv definit), so daß* $\boldsymbol{f}(\boldsymbol{x})' \boldsymbol{T}\boldsymbol{f}(\boldsymbol{x}) \leqq 1$ *für alle* $\boldsymbol{x} \in V$ *und Gleichheit für* $\boldsymbol{x} \in S(\xi)$ *gilt.*

Weitere Ergebnisse über die Zulässigkeit von Versuchsplänen finden sich in EHRENFELD [1], ELFVING [3], FARRELL/KIEFER/WALBRAN [1], KARLIN/STUDDEN [1] und [2] und KIEFER [2]. Hier sind insbesondere weitergehende Resultate für spezielle Regressionsfunktionen und über sogenannte vollständige Klassen von Versuchsplänen angegeben.

2.1.2. *Symmetrische optimale Versuchspläne*

Häufig sind die Funktionen $f_i(\boldsymbol{x})$ $(i = 1, \ldots, r)$ des Modells (2.1) symmetrisch bezüglich Abbildungen des Versuchsbereiches auf sich, und auch der Versuchsbereich selbst besitzt Symmetrien. Diese Symmetrieeigenschaften lassen sich zur Konstruktion optimaler Pläne verwenden. Allerdings können die so konstruierten Pläne den Nachteil besitzen, daß ihr Spektrum eine im Vergleich zur Zahl r der unbekannten Parameter übermäßig große Zahl von Versuchspunkten enthält.

Es sei T eine Gruppe von endlich vielen Abbildungen t von V auf V. Zu jedem $t \in T$ gebe es eine als (r, r)-Matrix mit der Determinante $+1$ oder -1 darstellbare Transformation $\bar{t}$ des Parametervektors Θ, so daß

$$\boldsymbol{f}(\boldsymbol{x})' \Theta = \boldsymbol{f}(t\boldsymbol{x})' [\bar{t}\Theta] \tag{2.4}$$

für alle $x \in V$ und alle Θ gilt. Der Regressionsansatz in dem Variablenvektor x und dem Parametervektor Θ fällt also zusammen mit dem Regressionsansatz in dem Variablenvektor $\bar{x} = tx$ und dem Parametervektor $\bar{\Theta} = \bar{t}\Theta$. Wenn der diskrete Versuchsplan ξ^* für das Modell in x und Θ D-optimal ist, so ist er auch für das Modell in $\bar{x}$ und $\bar{\Theta}$ D-optimal, da sich die Determinanten der Kovarianzmatrizen der MKQ-Schätzungen für Θ bzw. für $\bar{\Theta}$ bei Verwendung des Planes ξ^* nicht unterscheiden. Hierbei gilt der folgende Satz (vgl. KIEFER [2]):

Satz 2.3: *Es gibt einen D-optimalen Plan $\xi^* = \{x_l, p_l\}_{l=1}^m$, der symmetrisch ist bezüglich T in dem Sinn, daß ξ^* dem Punkt x($x \in V$; x beliebig, fest) dasselbe Gewicht gibt, wie jedem Punkt tx ($t \in T$, t beliebig)*[1]).

Dieser Satz gilt auch für diskrete G-optimale Pläne, denn der Äquivalenzsatz von KIEFER und WOLFOWITZ (der in Abschnitt 2.1.4. angegeben wird) sichert, daß ein diskreter D-optimaler Plan zugleich G-optimal ist. Entsprechende Aussagen existieren auch für andere Optimalitätskriterien (vgl. ATWOOD [1], FARRELL/KIEFER/WALBRAN [1], KARLIN/STUDDEN [1], KIEFER [2, 3 und 4] und KIEFER/WOLFOWITZ [1]).

Beispiel: $\eta(x, \Theta) = \Theta_0 + \Theta_1 x + \Theta_2 x^2$, $V = H = [-1; +1]$. Die Funktionen $f_1(x) \equiv 1$, $f_2(x) = x$, $f_3(x) = x^2$ und der Versuchsbereich V sind symmetrisch. Die Gruppe T hat also die beiden Elemente t_0 und t_1 mit $t_0 x = x$ und $t_1 x = -x$. Aus der Bedingung (2.4) erhält man für $\bar{t}_0$:

$$\Theta_0 + \Theta_1 x + \Theta_2 x^2 = (1, x, x^2) \begin{pmatrix} 1 & 0 & 0 \\ 0 & 1 & 0 \\ 0 & 0 & 1 \end{pmatrix} \begin{pmatrix} \Theta_0 \\ \Theta_1 \\ \Theta_2 \end{pmatrix},$$

$$\text{d.h.,}\ \bar{t}_0 = \begin{pmatrix} 1 & 0 & 0 \\ 0 & 1 & 0 \\ 0 & 0 & 1 \end{pmatrix},$$

1) Allgemeiner gilt: Sei T eine kompakte Gruppe von Transformationen auf V, und $\bar{t}$ sei wie oben definiert. Dann gibt es einen stetigen D-optimalen Plan ξ^*, der symmetrisch bezüglich T ist, d. h., $\xi^*(tL) = \xi^*(L)$ für alle $t \in T$ und alle meßbaren Teilmengen $L \subset V$.

und für $\bar{t}_1$:

$$\Theta_0 + \Theta_1 x + \Theta_2 x^2 = (1, -x, x^2) \begin{pmatrix} 1 & 0 & 0 \\ 0 & -1 & 0 \\ 0 & 0 & 1 \end{pmatrix} \begin{pmatrix} \Theta_0 \\ \Theta_1 \\ \Theta_2 \end{pmatrix},$$

d.h., $\bar{t}_1 = \begin{pmatrix} 1 & 0 & 0 \\ 0 & -1 & 0 \\ 0 & 0 & 1 \end{pmatrix}$.

Der Satz 2.3 sichert die Existenz eines diskreten D-optimalen Planes $\xi^* = \{x_l, p_l\}_{l=1}^m$, der dem Punkt x ($x \in [-1; +1]$) dasselbe Gewicht gibt wie dem Punkt $-x$, d. h., dieser optimale Plan ist auch symmetrisch.

2.1.3. Anzahl der Versuchspunkte

Da r Parameter im Modell (2.1) zu schätzen sind, muß der Versuchsplan mindestens r Punkte in seinem Spektrum enthalten.

Satz 2.4 (Kiefer): *Sei h die Dimension des linearen Raumes, der durch die Funktionen $f_i f_j$ ($i, j = 1, \ldots, r$; $i \leq j$) aufgespannt wird. Dann gibt es zu jedem Versuchsplan ξ einen diskreten Versuchsplan $\bar{\xi}$, dessen Spektrum höchstens $h + 1$ Punkte aus V enthält, mit $\boldsymbol{M}(\bar{\xi}) = \boldsymbol{M}(\xi)$.*

Es genügen also auf jeden Fall $h + 1$, d. h. maximal $r(r + 1)/2 + 1$ Punkte für das Spektrum eines diskreten optimalen Planes (vgl. Abschnitt 1.5.).

Studden hat 1968 den Regressionsansatz $\eta(x, \Theta) = \Theta_0 + \Theta_1 x + \Theta_2 x^4$ als Beispiel dafür angegeben, daß r (also 3) Punkte nicht ausreichen, um einen G-optimalen Plan aufzustellen, sondern $r + 1$ (also 4) Punkte im Spektrum nötig sind (vgl. Studden [1]). Ein erstes Beispiel für diesen Sachverhalt, jedoch für einen diskreten Versuchsbereich V, wurde schon 1959 von Kiefer und Wolfowitz angegeben (vgl. Kiefer/Wolfowitz [1]). Atwood fand 1969 ein Beispiel, in dem zu beliebig vorgegebenem r ein diskreter Versuchsbereich und die Funktionen f_i derart konstruiert wurden, daß sogar

$r(r + 1)/2$ Punkte für einen D-optimalen Plan erforderlich sind (vgl. ATWOOD [1]).

Für gewisse Ansätze $\eta(\boldsymbol{x}, \boldsymbol{\Theta})$ genügen jedoch schon r Punkte im Spektrum der optimalen Pläne (vgl. ELFVING [3], FARRELL/KIEFER/WALBRAN [1] und KIEFER [2]). Eine Verschärfung der Schranke $h + 1$ des Satzes 2.4 für spezielle Regressionsfunktionen kann man in der Arbeit FARRELL/KIEFER/WALBRAN [1] finden. Zu weiteren Ergebnissen vgl. CHERNOFF [1], ELFVING [1 und 3], KIEFER [2, 3 und 4], KIEFER/WOLFOWITZ [2] und STONE [1].

2.1.4. G- und D-Optimalität

Eine wesentliche Grundlage für die Konstruktion stetiger G- und D-optimaler Pläne für das Modell (2.1) stellt der folgende Äquivalenzsatz von KIEFER und WOLFOWITZ dar (vgl. KIEFER/WOLFOWITZ [2]).

Satz 2.5: (1) *Die folgenden drei Aussagen sind äquivalent*

(a) ξ^* *maximiert* $\det \boldsymbol{M}(\xi)$

(b) ξ^* *minimiert* $\max\limits_{\boldsymbol{x} \in V} \boldsymbol{f}(\boldsymbol{x})' \boldsymbol{M}^{-1}(\xi) \boldsymbol{f}(\boldsymbol{x})$

(c) $\max\limits_{\boldsymbol{x} \in V} \boldsymbol{f}(\boldsymbol{x})' \boldsymbol{M}^{-1}(\xi^*) \boldsymbol{f}(\boldsymbol{x}) = r$

(2) *Die Menge aller derjenigen Pläne ξ^*, die diese Aussagen erfüllen, ist konvex und abgeschlossen, und $\boldsymbol{M}(\xi^*)$ ist dasselbe für alle ξ^* aus dieser Menge.*[1])

Der Satz 2.5 besagt also, daß ein stetiger Plan ξ^* genau dann D-optimal ist, wenn er G-optimal ist. Aussage (c) ist notwendig und hinreichend dafür, daß der stetige Plan ξ^* G- (und damit D-) optimal ist.

Der Äquivalenzsatz gilt nicht in der Klasse konkreter

---

[1]) Wegen Konvexität und Abgeschlossenheit von Mengen von Versuchsplänen vgl. KARLIN/STUDDEN [2].

Versuchspläne V_n. Beim Regressionsmodell $\eta(x, \Theta) = \Theta_0 + \Theta_1 x$, $V = H = [-1; +1]$ besteht ein konkreter D-optimaler Plan vom Umfang 3 z. B. aus den Punkten $-1, +1, +1$, während der entsprechende G-optimale Plan die Punkte $-1, 0, +1$ enthält (vgl. KIEFER [4]). Auch die Aussage (c) braucht für konkrete G-optimale Pläne V_n^* nicht richtig zu sein. Für das zuletzt angegebene Regressionsmodell (d. h. $r = 2$) gilt bei geradem n

$$\max_{x \in [-1;+1]} \boldsymbol{f}(x)' \boldsymbol{M}^{-1}(V_n^*) \boldsymbol{f}(x) = 2$$

und bei ungeradem n

$$\max_{x \in [-1;+1]} \boldsymbol{f}(x)' \boldsymbol{M}^{-1}(V_n^*) \boldsymbol{f}(x) = 2 + \frac{1}{n-1}.$$

Bei geradem n erfüllt $\boldsymbol{M}(V_n^*)$ die Gleichung $\boldsymbol{M}(V_n^*) = \begin{pmatrix} 1 & 0 \\ 0 & 1 \end{pmatrix}$ und bei ungeradem n die Gleichung $\boldsymbol{M}(V_n^*) = \begin{pmatrix} 1 & 0 \\ 0 & (1 - 1/n) \end{pmatrix}$ (vgl. JUNG [1]). Die Informationsmatrix $\boldsymbol{M}(V_n^*)$ hat also eine von n abhängige Form für die konkreten G-optimalen Versuchspläne V_n^*, d. h. auch Teil (2) des Satzes 2.5 gilt nicht für konkrete G-optimale Versuchspläne.

Der Äquivalenzsatz kann nun folgendermaßen zur Konstruktion diskreter G- und D-optimaler Pläne ausgenutzt werden (die sogar konkrete G- und D-optimale Pläne vom Umfang n darstellen, falls alle Gewichte p_l $(l = 1, \ldots, m)$ Vielfache von $1/n$ sind). Für jeden diskreten Plan $\xi = \{\boldsymbol{x}_l, p_l\}_{l=1}^m$ gilt

$$\begin{aligned}
\sum_{l=1}^m p_l \boldsymbol{f}(\boldsymbol{x}_l)' \boldsymbol{M}^{-1}(\xi) \boldsymbol{f}(\boldsymbol{x}_l) &= \sum_{l=1}^m Sp\left(\boldsymbol{M}^{-1}(\xi) \boldsymbol{f}(\boldsymbol{x}_l) \boldsymbol{f}(\boldsymbol{x}_l)' p_l\right) \\
&= Sp\left(\boldsymbol{M}^{-1}(\xi) \sum_{l=1}^m p_l \boldsymbol{f}(\boldsymbol{x}_l) \boldsymbol{f}(\boldsymbol{x}_l)'\right) \\
&= Sp\left(\boldsymbol{M}^{-1}(\xi) \boldsymbol{M}(\xi)\right) \\
&= Sp(\boldsymbol{E}_r) \\
&= r, \qquad (2.5)
\end{aligned}$$

wobei E_r die Einheitsmatrix ist. Wenn der Plan ξ zusätzlich G- (und damit D-) optimal ist, so folgt aus der Aussage (c) des Äquivalenzsatzes

$$f(x_l)' M^{-1}(\xi) f(x_l) \leqq r \quad (l = 1, \ldots, m). \tag{2.6}$$

Damit nun aber in (2.5) die Summe $\sum_{l=1}^{m} p_l f(x_l)' M^{-1}(\xi) \times f(x_l)$ auch für den G- (und D-) optimalen Plan ξ den Wert r ergibt, muß in (2.6) das Gleichheitszeichen stehen, d. h., das Spektrum des diskreten G- (und D-) optimalen Planes besteht nur aus solchen Punkten, in denen die Varianz der geschätzten Funktionswerte $\hat{Y}(x)$ maximal ist. (Das braucht nicht für konkrete G- oder D-optimale Pläne zu gelten.) Diese Eigenschaft wird insbesondere in Abschnitt 2.1.6. bei der Aufstellung eines Iterationsverfahrens zur Konstruktion diskreter G- (und D-) optimaler Pläne benutzt. Weiterhin zeigten KIEFER und WOLFOWITZ (vgl. KIEFER/WOLFOWITZ [1]), daß ein diskreter G- (und D-) optimaler Plan, dessen Spektrum genau r Punkte enthält (d. h. soviel Punkte, wie es unbekannte Parameter gibt), dann die Gewichte $p_1 = \cdots = p_r = 1/r$ besitzt.

Unter Ausnutzung dieser Varianzeigenschaft sowie bei Verwendung der Ergebnisse aus den vorhergehenden Abschnitten ist man oft in der Lage zu vermuten, wie ein diskreter G- (und D-) optimaler Plan aussieht bzw. man vermutet eine Klasse von Versuchsplänen, die nur noch von wenigen Parametern abhängen. In dieser Klasse führt man dann eine Optimierung der Parameter durch in dem Sinn, daß $\max_{x \in V} f(x)' M^{-1}(\xi) f(x)$ minimal wird. Die G- (und D-) Optimalität des entweder direkt oder über Parameteroptimierung vermuteten Planes kann man dann an der notwendigen und hinreichenden Bedingung (c) des Äquivalenzsatzes überprüfen. Genau dann, wenn das Maximum den Wert r hat, ist der diskrete Plan G- (und D-) optimal.

Wenn man einen diskreten G-optimalen Plan ξ^* ermittelt hat, so ist die Matrix $M(\xi^*)$ bekannt. Nach dem Äquivalenzsatz besitzen alle diskreten G- (und D-) optimalen Pläne diese Matrix als Informationsmatrix, und man kann nun noch versuchen, aus der Kenntnis von $M(\xi^*)$ einen in praktischer Hinsicht geeigneteren Plan ξ^{**} mit $M(\xi^*) = M(\xi^{**})$ zu finden. Denn in vielen Problemen ist ein diskreter G- (und D-) optimaler Plan nicht eindeutig bestimmt. Dann aber kann man (z. B. wenn ein besonders kleines Spektrum den Versuchsaufwand verringert) einzelne G- (und D-) optimale Pläne bevorzugen.

Im folgenden sollen diskrete G- (und D-) optimale Pläne nur noch als G-optimale Pläne bezeichnet werden. Der Äquivalenzsatz sichert, daß diese G-optimalen Pläne zugleich D-optimal sind.

In manchen Fällen gelingt es, aus der Aussage (c) des Äquivalenzsatzes direkt auf die Informationsmatrix der diskreten G-optimalen Pläne zu schließen und hieraus die G-optimalen Pläne abzulesen, wie z. B. für das Regressionsmodell:

$$\eta(\boldsymbol{x}, \Theta) = \Theta_0 + \Theta_1 x_1 + \cdots + \Theta_k x_k,\ V: -1 \leqq x_i \leqq 1$$
$$(i = 1, \ldots, k),\ V = H. \tag{2.7}$$

Dieses Modell besitzt $r = k + 1$ Parameter, und es gilt $\boldsymbol{f}(\boldsymbol{x}) = (1, x_1, \ldots, x_k)'$ sowie

$$\max_{\boldsymbol{x} \in V} \boldsymbol{f}(\boldsymbol{x})' \boldsymbol{f}(\boldsymbol{x}) = \max_{\boldsymbol{x} \in V} (1 + x_1^2 + \cdots + x_k^2) = k + 1 .$$

Wenn speziell die Gleichung

$$\boldsymbol{M}^{-1}(\xi) = \boldsymbol{E}_{k+1} \tag{2.8}$$

erfüllt ist, so bleibt $\max_{\boldsymbol{x} \in V} \boldsymbol{f}(\boldsymbol{x})' \boldsymbol{M}^{-1}(\xi) \boldsymbol{f}(\boldsymbol{x}) = k + 1$ erhalten, und ξ ist nach dem Äquivalenzsatz G-optimal. Die Beziehung (2.8) gilt genau dann, wenn $\boldsymbol{M}(\xi)$ die Einheitsmatrix ist. Wie weiter unten gezeigt wird, gibt es zu jedem Wert von $k + 1$ eine Matrix $\boldsymbol{F}$, so daß

$$\frac{1}{n} \boldsymbol{F}'\boldsymbol{F} = \boldsymbol{M}(\xi) = \boldsymbol{E}_{k+1} \tag{2.9}$$

gilt. Also ist nach dem Äquivalenzsatz die Informationsmatrix jedes diskreten G-optimalen Planes gleich der Einheitsmatrix $\boldsymbol{E}_{k+1}$, und der G-optimale Plan ist aus $\boldsymbol{F}$ zu entnehmen.

Nicht zu jedem n läßt sich eine Matrix $\boldsymbol{F}$ angeben, so daß (2.9) erfüllt ist. Genauere Untersuchungen (vgl. PALEY [1]) zeigen, daß höchstens für $n = 1$, $n = 2$ oder durch 4 teilbare n solche Matrizen $\boldsymbol{F}$ existieren. Sei $k + 1$ beliebig, und n habe den speziellen Wert $n = 2^k$. Dann kann $\boldsymbol{F}$ auf folgende einfache Weise konstruiert werden (dabei wird die Zahl $+1$ durch ein Pluszeichen und die Zahl -1 durch ein Minuszeichen dargestellt): in der ersten Spalte von $\boldsymbol{F}$ stehen 2^k Pluszeichen, in der zweiten Spalte folgen auf 2^{k-1} Pluszeichen 2^{k-1} Minuszeichen usw. In der k-ten Spalte folgen immer abwechselnd 2 Pluszeichen und 2 Minuszeichen, und in der letzten Spalte stehen abwechselnd 1 Plus- und 1 Minuszeichen, d. h.

$$\boldsymbol{F} = \begin{pmatrix} + & + & \cdots & + & + \\ + & + & \cdots & + & - \\ + & + & \cdots & - & + \\ + & + & \cdots & - & - \\ \cdots & \cdots & \cdots & \cdots & \cdots \\ + & - & \cdots & - & + \\ + & - & \cdots & - & - \end{pmatrix}.$$

Für diese Matrix $\boldsymbol{F}$ ist offensichtlich (2.9) erfüllt. Damit ist die Aussage bewiesen, daß zu jedem Wert von $k + 1$ eine Matrix $\boldsymbol{F}$ existiert, so daß (2.9) gilt.

Verglichen mit $k + 1$ stellt $n = 2^k$ einen ziemlich großen Versuchsumfang dar. Es interessiert nun die Frage, ob zu einem vorgegebenen Wert von $k + 1$ nicht auch Matrizen $\boldsymbol{F}$ existieren, die weniger als $n = 2^k$

Punkte im Spektrum besitzen. Solche Matrizen gibt es. Sie können aus HADAMARD-Matrizen $\boldsymbol{H}_n$ erhalten werden. HADAMARD-Matrizen $\boldsymbol{H}_n$ sind quadratische (n, n)-Matrizen, die aus Elementen $+1$ und -1 bestehen und für die

$$\frac{1}{n} \boldsymbol{H}_n' \boldsymbol{H}_n = \boldsymbol{E}_n \tag{2.10}$$

gilt. In den Arbeiten PALEY [1] und NALIMOV [1] (Artikel III, Punkt 4) sind für alle durch 4 teilbaren Zahlen n zwischen 1 und 200 (mit Ausnahme von $n = 188$) die HADAMARD-Matrizen $\boldsymbol{H}_n$ angegeben. Für $n = 2, 4, 8$ und 12 können diese Matrizen auch Abschnitt 2.2.2. entnommen werden.

HADAMARD-Matrizen genügen der Gleichung (2.10), für G-optimale Pläne gilt (2.9), d. h., HADAMARD-Matrizen können im Fall $n = k + 1$ als G-optimale Pläne verwendet werden ($n = 1$, $n = 2$ oder n durch 4 teilbar), vorausgesetzt, daß in der ersten Spalte nur Elemente $+1$ stehen. Diese Voraussetzung ist notwendig, da im Modell (2.7) ein Absolutglied auftritt, d. h. $f_1(\boldsymbol{x}) \equiv 1$ gilt. Wenn eine HADAMARD-Matrix in der ersten Spalte auch Elemente -1 enthält, so kann man die zu den Elementen -1 gehörigen Zeilen der Matrix mit -1 multiplizieren. Dadurch entsteht eine neue Matrix, deren erste Spalte nur noch Elemente $+1$ enthält und für die (2.10) erfüllt ist, d. h., auch diese Matrix ist eine HADAMARD-Matrix. Ohne Beschränkung der Allgemeinheit kann man also annehmen, daß die HADAMARD-Matrizen in der ersten Spalte nur Elemente $+1$ besitzen.

Beispiel: Aus $\begin{pmatrix} + & + & + & + \\ + & + & - & - \\ - & + & - & + \\ - & + & + & - \end{pmatrix}$ entsteht $\begin{pmatrix} + & + & + & + \\ + & + & - & - \\ + & - & + & - \\ + & - & - & + \end{pmatrix}$.

Die dritte und vierte Zeile wurden mit -1 multipliziert.

Im Fall $n > k + 1$ kann man G-optimale Pläne aus HADAMARD-Matrizen $\boldsymbol{H}_n$ dadurch erhalten, daß in $\boldsymbol{H}_n$

beliebige $n - (k + 1)$-Spalten gestrichen werden (nur die erste Spalte darf nicht gestrichen werden). Dadurch erhält man neue $(n, k + 1)$-Matrizen $\tilde{\boldsymbol{H}}_n$, für die $n^{-1}\tilde{\boldsymbol{H}}_n'\tilde{\boldsymbol{H}}_n = \boldsymbol{E}_{k+1}$ gilt, d. h., die Matrizen $\tilde{\boldsymbol{H}}_n$ erfüllen (2.9). Sie sind die gesuchten Matrizen $\boldsymbol{F}$ der G-optimalen Pläne.

Somit ist also zu jedem Wert von $k + 1$ und zu jedem durch 4 teilbaren n $(k + 1 \leqq n \leqq 200, n \neq 188)$ ein konkreter G-optimaler Plan V_n^* bekannt, wobei die Punkte von V_n^* gerade die letzten k-Spalten von $\boldsymbol{F}$ bilden. Alle diese konkreten G-optimalen Pläne sind auch diskrete G- und D-optimale Pläne, denn Aussage (c) des Äquivalenzsatzes ist erfüllt. Wie man sich überzeugt, kann man durch einfaches „Untereinanderreihen" von $(n, k + 1)$-Matrizen $\tilde{\boldsymbol{H}}_n$ neue Matrizen $\boldsymbol{F}$ erhalten, für die auch wieder (2.9) gilt. Es ist also nicht immer nötig, zu vorgegebenem und durch 4 teilbarem n die entsprechende HADAMARD-Matrix $\boldsymbol{H}_n$ zu kennen.

Beispiel: a) $k + 1 = 3$, d. h. $\boldsymbol{x} = (x_1, x_2)'$ und $n = 4$. Aus der im vorhergehenden Beispiel angegebenen HADAMARD-Matrix $\boldsymbol{H}_4$ kann man durch Streichung z. B. der letzten Spalte die Matrix

$$\boldsymbol{F} = \begin{pmatrix} + & + & + \\ + & + & - \\ + & - & + \\ + & - & - \end{pmatrix}$$

erhalten, d. h., der konkrete G-optimale Plan vom Umfang 4 erfordert je einen Versuch in den Punkten $\boldsymbol{x}_1 = (1, 1)'$, $\boldsymbol{x}_2 = (1, -1)'$, $\boldsymbol{x}_3 = (-1, 1)'$, $\boldsymbol{x}_4 = (-1, -1)'$.

b) $k + 1 = 3$, $n = 8$. Die in a) erhaltene Matrix wird zweimal, und zwar untereinander, aufgeschrieben, d. h.

$$\boldsymbol{F} = \begin{pmatrix} + & + & + \\ + & + & - \\ + & - & + \\ + & - & - \\ + & + & + \\ + & + & - \\ + & - & + \\ + & - & - \end{pmatrix}.$$

Der zugehörige konkrete Versuchsplan vom Umfang 8 erfordert also je zwei Versuche in den Punkten $\boldsymbol{x}_1, \boldsymbol{x}_2, \boldsymbol{x}_3, \boldsymbol{x}_4$ aus a). Ebensogut kann man bei $k + 1 = 3$, $n = 8$ auch von einer HADAMARD-Matrix $\boldsymbol{H}_8$ ausgehen und in dieser Matrix $8 - 3 = 5$ Spalten streichen.

Die vorstehenden Überlegungen galten für das Modell (2.7).

Der Äquivalenzsatz von KIEFER und WOLFOWITZ ist noch auf andere Optimalitätskriterien (MR-Optimalität, AR-Optimalität und lineare Optimalitätskriterien) erweitert worden (vgl. FEDOROV [5], KIEFER [5]).

In dem Fall, daß der diskrete Plan ξ^* G-optimal und $\boldsymbol{M}(\xi^*)$ die Einheitsmatrix ist, kann ξ^* auch optimal sein im Sinne von weiteren Optimalitätskriterien, wie z. B. der E- und A-Optimalität (vgl. KIEFER [1], [2] und [4]). Man kann sich überlegen, daß für das Regressionsmodell (2.7) ein Plan ξ^* mit $\boldsymbol{M}(\xi^*) = \boldsymbol{E}_{k+1}$ G-, D- (wie schon gezeigt), A- und E-optimal ist, indem man bezüglich der A-Optimalität z. B. ausnutzt, daß

$$\frac{1}{r} \, Sp\big((\boldsymbol{F}'\boldsymbol{F})^{-1}\big) \geqq \big(\det\,(\boldsymbol{F}'\boldsymbol{F})^{-1}\big)^{1/r}$$

gilt. Diese Übereinstimmung der Optimalitätskriterien braucht aber nicht immer aufzutreten. Ein Beispiel, in dem der diskrete D-, der A- und der E-optimale Plan sämtlich verschieden sind, wurde 1959 von KIEFER angegeben (vgl. KIEFER [2]).

Aus der Aussage (c) des Äquivalenzsatzes kann man über (2.5) eine hinreichende Bedingung für die G-Optimalität eines diskreten Versuchsplanes herleiten (vgl. HOEL [3]):

Satz 2.6: *Wenn $\boldsymbol{f}(\boldsymbol{x})' \boldsymbol{M}^{-1}(\xi^*) \boldsymbol{f}(\boldsymbol{x})$ durch den Versuchsplan $\xi^* = \{\boldsymbol{x}_l, p_l\}_{l=1}^m$ unabhängig von $\boldsymbol{x}$ wird, so ist dieser Versuchsplan G-optimal.*

Dieser Satz wurde von HOEL erfolgreich auf die trigonometrische Regression angewandt (vgl. Abschnitt 2.2.1., (6)).

Der folgende Satz (vgl. HOEL [3]) gibt die Möglichkeit, aus bekannten diskreten G-optimalen Versuchsplänen für Regressionsansätze $\eta(x, \Theta)$, die nur von einer Variablen abhängen, diskrete G-optimale Versuchspläne zu konstruieren für Regressionsansätze, die sich aus diesen Regressionsansätzen $\eta(x, \Theta)$ in geeigneter Weise zusammensetzen lassen.

Satz 2.7: *Sei* $\xi = \{x_l, p_l\}_{l=1}^{m_1}$ *ein diskreter G-optimaler Plan für das Regressionsmodell* $\eta_1(x, \Theta) = \Theta_1 f_1(x) + \cdots + \Theta_r f_r(x)$, $V: a \leqq x \leqq b$, $V = H$, *und* $\zeta = \{z_j, q_j\}_{j=1}^{m_2}$ *sei ein diskreter G-optimaler Plan für das Regressionsmodell* $\eta_2(z, \boldsymbol{\beta}) = \beta_1 h_1(z) + \cdots + \beta_s h_s(z)$, $\tilde{V}: c \leqq z \leqq d$, $\tilde{V} = \tilde{H}$. *Dann ist der Plan, der den Punkten* (x_l, z_j) *die Gewichte* $p_l q_j$ $(l = 1, \ldots, m_1;\ j = 1, \ldots, m_2)$ *gibt, G-optimal für das Regressionsmodell* $\eta(x, z; \alpha) = \sum_{i=1}^{r} \sum_{k=1}^{s} \alpha_{ik} f_i(x)\, h_k(z)$, $\tilde{\tilde{V}}: a \leqq x \leqq b, c \leqq z \leqq d, \tilde{\tilde{V}} = \tilde{\tilde{H}}$.

Beispiel: Der Plan $\xi = \begin{pmatrix} -1 & 1 \\ 1/2 & 1/2 \end{pmatrix}$ ist G-optimal für das Regressionsmodell $\eta_1(x, \Theta) = \Theta_0 + \Theta_1 x$, $V = H = [-1, +1]$. Der Plan $\zeta = \begin{pmatrix} -1 & 1 \\ 1/2 & 1/2 \end{pmatrix}$ ist G-optimal für das Regressionsmodell $\eta_2(z, \beta) = \beta_0 + \beta_1 z$, $\tilde{V} = \tilde{H} = [-1, +1]$. Also ist nach Satz 2.7 für das Regressionsmodell

$$\eta(x, z; \alpha) = \alpha_{11} + \alpha_{12} z + \alpha_{21} x + \alpha_{22} xz,\ \tilde{\tilde{V}}: -1 \leqq x, z \leqq 1, \quad \tilde{\tilde{V}} = \tilde{\tilde{H}} \tag{2.13}$$

der Plan G-optimal, der den Punkten $(x, z)' = (1, 1)', (1, -1)', (-1, 1)'$ und $(-1, -1)'$ jeweils das Gewicht $\frac{1}{2} \cdot \frac{1}{2} = \frac{1}{4}$ gibt. Durch Umbenennung der Parameter und der Variablen kann man den Regressionsansatz aus (2.13) auch in der für Kapitel 3 üblichen Form schreiben als

$$\eta(x_1, x_2; \Theta) = \Theta_0 + \Theta_1 x_1 + \Theta_2 x_2 + \Theta_{12} x_1 x_2 \tag{2.14}$$

mit $-1 \leqq x_1, x_2 \leqq 1$.

Wichtig bei der Anwendung des Satzes 2.7 ist die Tatsache, daß jede Funktion $f_i(x)$ $(i = 1, \ldots, r)$ mit jeder Funktion $h_k(z)$ $(k = 1, \ldots, s)$ multipliziert werden muß, d. h., Satz 2.7 liefert z. B. nicht die üblichen Polynome ersten, zweiten und höheren Grades, sondern spezielle Regressionsansätze. Der G-optimale Plan des neuen Regressionsmodells entsteht einfach dadurch, daß jeder Punkt des einen mit jedem Punkt des anderen G-optimalen Planes kombiniert wird.

Das Kriterium der G-Optimalität kann besonders dann vorteilhaft angewendet werden, wenn es nicht so sehr auf die Genauigkeit der Schätzungen für die einzelnen Parameter, sondern vor allem darauf ankommt, daß die geschätzten Funktionswerte $\hat{Y}(\boldsymbol{x})$ für alle $\boldsymbol{x} \in H$ möglichst genau sind. Der Äquivalenzsatz von Kiefer und Wolfowitz gibt bei $V = H$ für diese Genauigkeit die (in verschiedenen Fällen auch durch konkrete G-optimale Versuchspläne erreichte) Schranke $\max_{\boldsymbol{x} \in V} D^2\hat{Y}(\boldsymbol{x}) = r\sigma^2/n$ an. Wenn eine zu erreichende Genauigkeit $c\sigma^2$ als Forderung vorgegeben ist, so kann man n (bzw. die Größenordnung von n) bestimmen als $n = r/c$. Je größer n wird, um so genauer werden die geschätzten Funktionswerte.

2.1.5. Ungleichungen zur G- und D-Optimalität

Oftmals besteht das Interesse, für einen bekannten Plan ξ einzuschätzen, wieweit er einem diskreten optimalen Plan ξ^* bezüglich des Modells (2.1) nahekommt. Der Plan ξ kann z. B. durch Vereinfachung eines optimalen Planes entstanden sein, oder er ist vielleicht ein in der Praxis häufig benutzter Plan. In bezug auf die G-Optimalität bei $V = H$ ist ein solcher Vergleich einfach. Der Äquivalenzsatz von Kiefer und Wolfowitz gibt nämlich an, daß für einen diskreten G-optimalen Plan ξ^* die Größe $\max_{\boldsymbol{x} \in V} \boldsymbol{f}(\boldsymbol{x})' \boldsymbol{M}^{-1}(\xi^*) \boldsymbol{f}(\boldsymbol{x})$ den Wert r hat. Man kann die entsprechende Größe für den gegebenen

Plan ξ berechnen und mit dem Wert r vergleichen. Dabei braucht man einen diskreten G-optimalen Plan gar nicht zu kennen.

Anders verhält es sich bezüglich der D-Optimalität. Der Äquivalenzsatz sagt zwar aus, daß ein diskreter Plan gleichzeitig D- und G-optimal ist, enthält jedoch keine Angabe über die Größe der Determinante $\det\left(\boldsymbol{M}(\xi^*)\right)$ für einen D-optimalen Plan ξ^*. Ist ein D-optimaler Plan ξ^* bekannt, so kann man die beiden Determinanten $\det\left(\boldsymbol{M}(\xi)\right)$ und $\det\left(\boldsymbol{M}(\xi^*)\right)$ miteinander vergleichen. Wenn kein D-optimaler Plan ξ^* bekannt ist, so kann man für den Vergleich des gegebenen Planes ξ mit einem D-optimalen Plan ξ^* die folgenden Ungleichungen benutzen.

Die Ungleichung

$$\frac{\det\left(\boldsymbol{M}(\xi)\right)}{\det\left(\boldsymbol{M}(\xi^*)\right)} \geqq \left[\frac{r}{\max\limits_{\boldsymbol{x}\in V} \boldsymbol{f}(\boldsymbol{x})'\, \boldsymbol{M}^{-1}(\xi)\, \boldsymbol{f}(\boldsymbol{x})}\right]^r \tag{2.15}$$

wurde von Atwood angegeben (vgl. Atwood [1]). Sie ist schärfer als eine von Kiefer (vgl. Kiefer [4]) gefundene Ungleichung. Die folgenden beiden Ungleichungen geben eine Abschätzung nach oben. Die erste stammt von Wynn (vgl. Wynn [1]), die zweite von Atwood (vgl. Atwood [1]).

$$\frac{\det\left(\boldsymbol{M}(\xi)\right)}{\det\left(\boldsymbol{M}(\xi^*)\right)} \leqq \left[\frac{r}{\max\limits_{\boldsymbol{x}\in V} \boldsymbol{f}(\boldsymbol{x})'\, \boldsymbol{M}^{-1}(\xi)\, \boldsymbol{f}(\boldsymbol{x})}\right]^r \times \left[\frac{\max\limits_{\boldsymbol{x}\in V} \boldsymbol{f}(\boldsymbol{x})'\, \boldsymbol{M}^{-1}(\xi)\, \boldsymbol{f}(\boldsymbol{x}) - 1}{r-1}\right]^{r-1}. \tag{2.16}$$

Sei $\max\limits_{\boldsymbol{x}\in V} \boldsymbol{f}(\boldsymbol{x})'\, \boldsymbol{M}^{-1}(\xi)\, \boldsymbol{f}(\boldsymbol{x}) \leqq c$, wobei $c > 3/2$ ist (bei $r > 1$ gilt offensichtlich $c \geqq r > 3/2$). Dann gilt

$$\frac{\det\left(\boldsymbol{M}(\xi)\right)}{\det\left(\boldsymbol{M}(\xi^*)\right)} \leqq \exp\left[-\frac{\left(\max\limits_{\boldsymbol{x}\in V} \boldsymbol{f}(\boldsymbol{x})'\, \boldsymbol{M}^{-1}(\xi)\, \boldsymbol{f}(x) - r\right)^2}{2D}\right], \tag{2.17}$$

wobei $D = \max \Big(r - 1 + (c - 1)^2;$

$$4(c-1)^2 \left[\frac{r-1}{(2c-3)^2} + \frac{1}{9} \right];\; 2(c-1)\,(c-r) \Big) \text{ ist.}$$

Für $r > 1$ ist auch die Ungleichung (2.17) schärfer als eine von KIEFER (vgl. KIEFER [4]) formulierte Ungleichung.

Nach einfachen Umformungen liefern die angegebenen Ungleichungen Abschätzungen nach oben und unten für $\det\big(\boldsymbol{M}(\xi^*)\big)$. Ebenso kann man die Ungleichungen zu Abschätzungen für $\max\limits_{x \in V} \boldsymbol{f}(\boldsymbol{x})' \boldsymbol{M}^{-1}(\xi)\, \boldsymbol{f}(\boldsymbol{x})$ benutzen, wenn sich (bei bekanntem diskreten G-optimalen Plan ξ^*) die Determinanten $\det\big(\boldsymbol{M}(\xi)\big)$ und $\det\big(\boldsymbol{M}(\xi^*)\big)$ einfacher berechnen lassen als das Maximum $\max\limits_{x \in V} \boldsymbol{f}(\boldsymbol{x})' \boldsymbol{M}^{-1}(\xi)\, \boldsymbol{f}(\boldsymbol{x})$.

2.1.6. Ein Iterationsverfahren für G- und D-optimale Pläne

Wenn der Versuchsbereich V in dem Modell (2.1) eine komplizierte Gestalt hat oder wenn nur geringe Anhaltspunkte über die Form eines diskreten G-optimalen Planes vorliegen, dann erweist sich das folgende Iterationsverfahren zur Erzeugung diskreter G-optimaler Pläne als günstig. Es ist insbesondere zur Anwendung auf elektronischen Rechenautomaten geeignet. Dieses Verfahren wurde von mehreren Autoren untersucht (vgl. FEDOROV [3], SOKOLOV [1 und 2], VUČKOV/ERMURATSKIJ/KRUG/LECKIJ/NIKIFOROV [1], WYNN [1]) und von FEDOROV auf den Fall linearer Optimalitätskriterien verallgemeinert (vgl. (1.59) und FEDOROV [5]).

Wie schon in Abschnitt 2.1.4. erwähnt, baut das Iterationsverfahren auf der Tatsache auf, daß das Spektrum eines diskreten G-optimalen Planes nur aus solchen Punkten besteht, in denen die Varianz der geschätzten Funktionswerte $\hat{Y}(\boldsymbol{x})$ maximal ist.

Seien $V_n = (\boldsymbol{x}_1, \ldots, \boldsymbol{x}_n)$ ein konkreter Versuchsplan vom Umfang n und $\boldsymbol{M}(V_n)$ die Informationsmatrix dieses Versuchsplanes. Dann besteht das Iterationsverfahren aus den folgenden Schritten:

1. Es muß ein Versuchsplan V_{n_0} gegeben sein, für den $\det\left(\boldsymbol{M}(V_{n_0})\right) \neq 0$ gilt.
Dabei braucht V_{n_0} nicht optimal zu sein. Dieser Anfangsplan läßt sich i. allg. ohne große Schwierigkeiten aufstellen.

2. Es ist irgendein Punkt $\boldsymbol{x}_{n_0+1}$ zu ermitteln, für den $\max\limits_{\boldsymbol{x} \in V} \boldsymbol{f}(\boldsymbol{x})' \boldsymbol{M}^{-1}(V_{n_0}) \boldsymbol{f}(\boldsymbol{x}) = \boldsymbol{f}(\boldsymbol{x}_{n_0+1})' \boldsymbol{M}^{-1}(V_{n_0}) \boldsymbol{f}(\boldsymbol{x}_{n_0+1})$ gilt.
Es muß also die Abszisse eines absoluten Maximums der Funktion $g(\boldsymbol{x}) = \boldsymbol{f}(\boldsymbol{x})' \boldsymbol{M}^{-1}(V_{n_0}) \boldsymbol{f}(\boldsymbol{x})$ ermittelt werden. Das kann Schwierigkeiten bereiten. In komplizierten Fällen ist es ratsam, $\boldsymbol{x}_{n_0+1}$ mit Hilfe eines Suchverfahrens zu bestimmen, z. B. mit der Methode des steilsten Anstiegs oder mit einem zufälligen Suchverfahren. Bei Anwendung der Methode des steilsten Anstiegs muß berücksichtigt werden, daß in $\boldsymbol{x}_{n_0+1}$ ein absolutes und nicht nur ein relatives Maximum vorliegt. Diese Methode sollte daher zur Bestimmung von $\boldsymbol{x}_{n_0+1}$ von mehreren zufällig gewählten Startpunkten aus beginnen.
In den Fällen, in denen $g(\boldsymbol{x})$ für $\boldsymbol{x} \in V$ eine konvexe Funktion ist, d. h.

$$g\left(\lambda \tilde{\boldsymbol{x}} + (1 - \lambda) \tilde{\tilde{\boldsymbol{x}}}\right) \leqq \lambda g(\tilde{\boldsymbol{x}}) + (1 - \lambda) g(\tilde{\tilde{\boldsymbol{x}}}), \; 0 \leqq \lambda \leqq 1 \tag{2.18}$$

gilt, genügt es, die Suche von $\boldsymbol{x}_{n_0+1}$ auf den Rand von V zu beschränken.

Beispiel für eine konvexe Funktion $g(\boldsymbol{x})$: Sei $\boldsymbol{f}(\boldsymbol{x}) = \boldsymbol{x}$. Dann gilt

$$\begin{aligned} g(\lambda \tilde{\boldsymbol{x}} + (1 - \lambda) \tilde{\tilde{\boldsymbol{x}}}) &= (\lambda \tilde{\boldsymbol{x}} + (1 - \lambda) \tilde{\tilde{\boldsymbol{x}}})' \boldsymbol{M}^{-1}(V_n) (\lambda \tilde{\boldsymbol{x}} + (1 - \lambda) \tilde{\tilde{\boldsymbol{x}}}) \\ &= \lambda \tilde{\boldsymbol{x}}' \boldsymbol{M}^{-1}(V_n) \tilde{\boldsymbol{x}} + (1 - \lambda) \tilde{\tilde{\boldsymbol{x}}}' \boldsymbol{M}^{-1}(V_n) \tilde{\tilde{\boldsymbol{x}}} \\ &\quad - \lambda(1 - \lambda) (\tilde{\boldsymbol{x}} - \tilde{\tilde{\boldsymbol{x}}})' \boldsymbol{M}^{-1}(V_n) (\tilde{\boldsymbol{x}} - \tilde{\tilde{\boldsymbol{x}}}). \end{aligned}$$

Da $\boldsymbol{M}^{-1}(V_n)$ positiv definit ist, d. h., da für $\tilde{\boldsymbol{x}} \neq \tilde{\tilde{\boldsymbol{x}}}$

$$(\tilde{\boldsymbol{x}} - \tilde{\tilde{\boldsymbol{x}}})' \boldsymbol{M}^{-1}(V_n) (\tilde{\boldsymbol{x}} - \tilde{\tilde{\boldsymbol{x}}}) > 0$$

gilt, erhält man $g(\lambda\tilde{\boldsymbol{x}} + (1 - \lambda) \tilde{\tilde{\boldsymbol{x}}}) \leqq \lambda g(\tilde{\boldsymbol{x}}) + (1 - \lambda) g(\tilde{\tilde{\boldsymbol{x}}})$ für $0 \leqq \lambda \leqq 1$, wobei das Gleichheitszeichen nur in den Fällen $\tilde{\boldsymbol{x}} = \tilde{\tilde{\boldsymbol{x}}}$, $\lambda = 0$ oder $\lambda = 1$ gilt, d. h., $g(\boldsymbol{x})$ ist hier sogar streng konvex.

3. Mit V_{n_0+1} wird der konkrete Versuchsplan $(\boldsymbol{x}_1, \ldots, \boldsymbol{x}_{n_0}, \boldsymbol{x}_{n_0+1})$ bezeichnet, d. h. gegenüber V_{n_0} ist noch der Punkt $\boldsymbol{x}_{n_0+1}$ dazugekommen. Der Plan V_{n_0+1} stellt den neuen Anfangsplan dar. Mit ihm sind die Berechnungen von Punkt 2 zu wiederholen. Dabei nutzt man zweckmäßig die Formel

$$\boldsymbol{M}^{-1}(V_{n+1}) = \frac{n+1}{n} \Big[\boldsymbol{M}^{-1}(V_n) - $$
$$- \big(\boldsymbol{M}^{-1}(V_n) \boldsymbol{f}(\boldsymbol{x}_{n+1}) \boldsymbol{f}(\boldsymbol{x}_{n+1})' \boldsymbol{M}^{-1}(V_n) / \big(n + \boldsymbol{f}(\boldsymbol{x}_{n+1})' \boldsymbol{M}^{-1}(V_n) \boldsymbol{f}(x_{n+1})\big)\Big]$$

aus. Man erhält V_{n_0+2}, usw.

Das Verfahren liefert eine Folge von konkreten Versuchsplänen $V_{n_0}, V_{n_0+1}, \ldots, V_n, \ldots$ Es gilt der folgende Satz (vgl. Wynn [1]):

Satz 2.8: $\lim\limits_{n \to \infty} \det \big(\boldsymbol{M}(V_n)\big) = \det \big(\boldsymbol{M}(\xi^*)\big)$, *wobei* ξ^* *ein diskreter G-optimaler Plan ist.*

Wenn das Spektrum des Anfangsplanes V_{n_0} nur Punkte eines diskreten G-optimalen Planes enthält und allein die Gewichte des Anfangsplanes noch nicht G-optimal sind, so besteht die Möglichkeit, daß das Iterationsverfahren nach endlich vielen Schritten zu einem G-optimalen Plan führt, wobei die G-Optimalität anhand von Aussage (c) des Äquivalenzsatzes überprüft werden kann. Wenn es keinen diskreten G-optimalen Plan gibt, dessen Spektrum das Spektrum des Anfangsplanes enthält, wenn also z. B. der Punkt $\boldsymbol{x}_1$ im Anfangsplan falsch gewählt war, so hat dieser Punkt im Plan V_n

immer noch mindestens das Gewicht $1/n$, d. h., in diesem Fall liefert das Iterationsverfahren den G-optimalen Plan nicht für endliche n. Das zeigt, wie wichtig die Wahl eines guten Anfangsplanes ist. Man kann sich aber auch in folgender Weise behelfen. Wenn der Anfangsplan schlecht gewählt war, dann werden im Laufe des Iterationsverfahrens die Gewichte einzelner Punkte immer kleiner, während die von anderen Punkten (bzw. deren naher Umgebung) immer größer werden. Auf dieser Grundlage vermutet man nun, welche Punkte nicht zum G-optimalen Plan gehören werden (also das Gewicht 0 bekommen werden) und welche Punkte dazu gehören können und formuliert diese Vermutung als neuen Anfangsplan.

Wie praktische Erfahrungen von Covey-Crump und Silvey (vgl. Covey-Crump/Silvey [1]) zeigen, läßt sich das Iterationsverfahren auch auf folgende Problemstellung erfolgreich anwenden. Es seien schon insgesamt n_0 Versuche in den Punkten $\boldsymbol{x}_1, \ldots, \boldsymbol{x}_{n_0}$ durchgeführt („a priori-Beobachtungen"). Nun sollen noch n_1 weitere Beobachtungen erfolgen, und zwar so, daß der konkrete Versuchsplan $V_{n_0+n_1} = (\boldsymbol{x}_1, \ldots, \boldsymbol{x}_{n_0}, \boldsymbol{x}_{n_0+1}, \ldots, \boldsymbol{x}_{n_0+n_1})$ die Determinante $\det(\boldsymbol{M}(V_{n_0+n_1}))$ maximiert, wobei sich die Maximierung aber nur auf $\boldsymbol{x}_{n_0+1}, \ldots, \boldsymbol{x}_{n_0+n_1}$ erstrecken kann, denn in den Punkten $\boldsymbol{x}_1, \ldots, \boldsymbol{x}_{n_0}$ sind die Versuche schon durchgeführt. Allgemeiner formuliert heißt die Frage: Wie bestimmt man einen Versuchsplan optimal, wenn zur Parameterschätzung auch schon bekannte Beobachtungsergebnisse mit ausgenutzt werden sollen?

Covey-Crump und Silvey haben bei ihren Untersuchungen die Erfahrung gemacht, daß derjenige Versuchsplan, der die Punkte $\boldsymbol{x}_{n_0+1}, \boldsymbol{x}_{n_0+2}, \ldots, \boldsymbol{x}_{n_0+n_1}$ entsprechend dem angegebenen Iterationsverfahren auswählt, dem konkreten D-optimalen Plan bezüglich $\boldsymbol{x}_{n_0+1}, \ldots, \boldsymbol{x}_{n_0+n_1}$ sehr nahe kommt. Daß der so gewonnene Plan nicht optimal zu sein braucht, liegt u. a. an der Tatsache, daß beim Iterationsverfahren stets nur ein neuer Punkt dazukommt, eigentlich aber gleichzeitig n_1 neue Punkte ausgewählt werden müßten.

2.1.7. Optimale Versuchsplanung für Mixturen

Im Modell (2.1) wurden an die Komponenten von $\boldsymbol{x} = (x_1, \ldots, x_k)'$ keine Bedingungen gestellt. Bei der Untersuchung von Mixturen (hier geben die Komponenten von $\boldsymbol{x}$ den Gewichts-, Volumen- bzw. Molanteil der einzelnen Komponenten der Mixtur an) müssen die x_i $(i = 1, \ldots, k)$ den Bedingungen $x_i \geqq 0$ und $\sum_{i=1}^{k} x_i = 1$ genügen, d. h., der Versuchsbereich V ist ein reguläres Simplex mit k Eckpunkten. Für diesen Fall wurden spezielle optimale Mixtur-Versuchspläne berechnet. Ein Teil von ihnen ist in Abschnitt 2.2.3. angegeben. Mixtur-Versuchspläne können überall dort sinnvoll angewandt werden, wo die Funktion η nur von dem (prozentualen) Anteil der einzelnen Komponenten der Mixtur abhängt, nicht aber von noch weiteren Variablen. Ein Beispiel, das diese Forderung nicht erfüllt, sind Düngerversuche in der Landwirtschaft. Hier hängt der Pflanzenertrag nicht nur von der Zusammensetzung des Düngers (d. h. den einzelnen Anteilen) ab, sondern auch von der Menge des ausgestreuten Düngers. Für diese Problemstellung sind schon eine Reihe von Versuchsplänen vorgeschlagen worden, auf die hier jedoch nicht weiter eingegangen werden soll.

Im folgenden wird vorausgesetzt, daß die Funktion η nur von einem Vektor $\boldsymbol{x} = (x_1, \ldots, x_k)'$ abhängt, für den $\sum_{i=1}^{k} x_i = 1$ erfüllt ist (bei $x_i \geqq 0$ $(i = 1, \ldots, k)$).

Für den üblichen linearen Ansatz 1. Grades

$$\eta(\boldsymbol{x}, \Theta) = \Theta_0 + \Theta_1 x_1 + \cdots + \Theta_k x_k \tag{2.19}$$

gilt wegen $\sum_{i=1}^{k} x_i = 1$ für beliebige reelle Werte λ die

Identität

$$\Theta_0 + \sum_{i=1}^{k} \Theta_i x_i \equiv (\Theta_0 + \lambda) + \sum_{i=1}^{k} (\Theta_i - \lambda)\, x_i\,. \qquad (2.20)$$

Damit sind die Parameter Θ_i $(i = 0, \ldots, k)$ nur bis auf eine willkürliche additive Konstante bestimmt. Ein Glied in (2.19) ist also überflüssig, denn wegen $\sum_{i=1}^{k} x_i = 1$ ist das Funktionensystem $1, x_1, x_2, \ldots, x_k$ aus (2.19) linear abhängig. Man kann also z. B. die Variable x_1 ausdrücken durch $x_1 = 1 - \sum_{i=2}^{k} x_i$ und erhält

$$\eta(\boldsymbol{x}, \beta) = \beta_1 + \beta_2 x_2 + \cdots + \beta_k x_k\,. \qquad (2.21)$$

Oder man drückt z. B. 1 aus durch $1 = \sum_{i=1}^{k} x_i$. Das führt auf den Ansatz

$$\eta(\boldsymbol{x}, \gamma) = \gamma_1 x_1 + \cdots + \gamma_k x_k\,. \qquad (2.22)$$

Die Ansätze (2.21) und (2.22) stellen zwei von vielen Möglichkeiten dar. Sie sind, mathematisch gesehen, völlig gleichwertig. Nur für den Anwender können Unterschiede zwischen beiden Ansätzen bestehen, nämlich durch die verschiedene Interpretation der Koeffizienten. Sei $\eta(x_i = 1)$ der Funktionswert des Ansatzes, wenn die Mixtur nur aus der i-ten Komponente besteht. Der Ansatz (2.21) besitzt im Gegensatz zu (2.22) ein Absolutglied β_1, und es gilt dann $\beta_1 = \eta(x_1 = 1)$, $\beta_i = \eta(x_i = 1) - \eta(x_1 = 1)$ $(i = 2, \ldots, k)$. Die Koeffizienten β_i $(i = 2, \ldots, k)$ stellen ein Maß für die Abweichung vom Funktionswert $\eta(x_1 = 1)$ dar. Hier ist im Ansatz die Komponente x_1 gegenüber den anderen Komponenten bevorzugt. Dagegen ist in (2.22) keine Komponente bevorzugt, aber der Regressionsansatz enthält kein Absolutglied mehr. Die Koeffizienten γ_i $(i = 1, \ldots, k)$ stellen wegen $\gamma_i = \eta(x_i = 1)$ gerade den Funktionswert der entsprechenden Mixtur dar, die nur aus der i-ten Komponente besteht.

In dem Ansatz (2.19) treten ein Absolutglied und Anstiegskoeffizienten auf. Wenn man unter allen möglichen Mixturen eine bestimmte Mixtur (z. B. diejenige, in der alle Komponenten mit demselben Anteil vorkommen) bevorzugt und als Vergleichsmixtur benutzt, so kann man auch für Mixturen einen Regressionsansatz angeben, in dem die auftretenden Koeffizienten in gewisser Weise als Absolutglied bzw. Anstiegskoeffizienten interpretiert werden können (vgl. Cox [2]).

Scheffé hat von den möglichen allgemeinsten linearen Ansätzen ersten, zweiten und höheren Grades bezüglich der Mixturen jeweils den in x_i $(i = 1, \ldots, k)$ symmetrischen Ansatz bevorzugt und damit auf das Vorhandensein eines Absolutgliedes im Ansatz verzichtet (vgl. Scheffé [1]). Unter Berücksichtigung der Bedingung $\sum_{i=1}^{k} x_i = 1$ erhielt er damit die folgenden linearen Regressionsansätze ersten, zweiten und dritten Grades:

$$\eta(\boldsymbol{x}, \boldsymbol{\beta}) = \sum_{i=1}^{k} \beta_i x_i , \tag{2.23}$$

$$\eta(\boldsymbol{x}, \boldsymbol{\beta}) = \sum_{i=1}^{k} \beta_i x_i + \sum_{i=1}^{k-1} \sum_{j=i+1}^{k} \beta_{ij} x_i x_j \tag{2.24}$$

$$\begin{aligned} \eta(\boldsymbol{x}, \boldsymbol{\beta}, \boldsymbol{\gamma}) = {} & \sum_{i=1}^{k} \beta_i x_i + \sum_{i=1}^{k-1} \sum_{j=i+1}^{k} \beta_{ij} x_i x_j \\ & + \sum_{i=1}^{k-2} \sum_{j=i+1}^{k-1} \sum_{l=j+1}^{k} \beta_{ijl} x_i x_j x_l \\ & + \sum_{i=1}^{k-1} \sum_{j=i+1}^{k} \gamma_{ij} x_i x_j (x_i - x_j) . \end{aligned} \tag{2.25}$$

Hierbei gibt es insgesamt je $k(k-1)/2$ Koeffizienten β_{ij} bzw. γ_{ij} und $k(k-1)(k-2)/6$ Koeffizienten β_{ijl}.

Der Ansatz 3. Grades in den k Variablen ist sehr umfangreich. Wenn man der Meinung ist, daß der Ansatz 2. Grades noch nicht ausreicht, so sollte man überlegen, ob nicht vielleicht schon der spezielle Ansatz 3. Grades, bei dem die Koeffizienten γ_{ij} fehlen, genügt. In diesem Fall (der also nicht das allgemeinste Polynom 3. Grades darstellt) würde der Regressionsansatz zusammengesetzt sein aus Funktionen x_i, $x_i x_j$ und $x_i x_j x_l$ mit $i \neq j \neq l$. Für Regressionsansätze dieser Art sind optimale Pläne bekannt (vgl. ATWOOD [1]).

Eine wesentliche Grundlage für die optimalen Versuchspläne bei Mixturen bildet das sogenannte (k, d)-Gitter. Es bezeichnet die Menge aller der Punkte $\boldsymbol{x} = (x_1, \ldots, x_k)'$ mit $\sum_{i=1}^{k} x_i = 1$, deren k Koordinaten nur die Werte $0, 1/d, 2/d, \ldots, (d-1)/d$ oder 1 besitzen. Es gibt insgesamt $\binom{d+k-1}{d}$ verschiedene Gitterpunkte des (k, d)-Gitters (vgl. Abbildung 2.1).

Um die Koeffizienten einer Summe von $\binom{d+k-1}{d}$ linear unabhängigen Polynomen vom Grad $\leqq d$ zu schätzen, genügt es, daß der Versuchsplan ξ jedem Punkt des (k, d)-Gitters positives Gewicht gibt (vgl. KIEFER [3]). Die allgemeinsten Polynome d-ten Grades bezüglich Mixturen (die eine Summe von linear unabhängigen Polynomen vom Grad $\leqq d$ darstellen), wie z. B. für $d = 1, 2, 3$ die Polynome (2.23), (2.24), (2.25), haben aber gerade $\binom{d+k-1}{d}$ Koeffizienten (vgl. SCHEFFÉ [1]).

Möglicherweise kann ein optimaler Versuchsplan einen Versuch in $x_i = 1$ fordern, d. h., die Mixtur darf nur aus der i-ten Komponente bestehen. Andererseits ist es aus bestimmten Gründen manchmal sinnvoll, daß bestimmte Stoffe nur in geringen Konzentrationen von z. B. höchstens 5% vorkommen dürfen. In diesem Fall kann man sich so helfen, daß man als i-te Komponente nicht einen Stoff allein auffaßt, der höchstens 5% der Mixtur ausmachen darf, sondern ein vorher festzulegendes Gemisch, in dem besagter Stoff in einer Konzentration von 5% vorkommt. Die i-te Komponente wird dann durch dieses

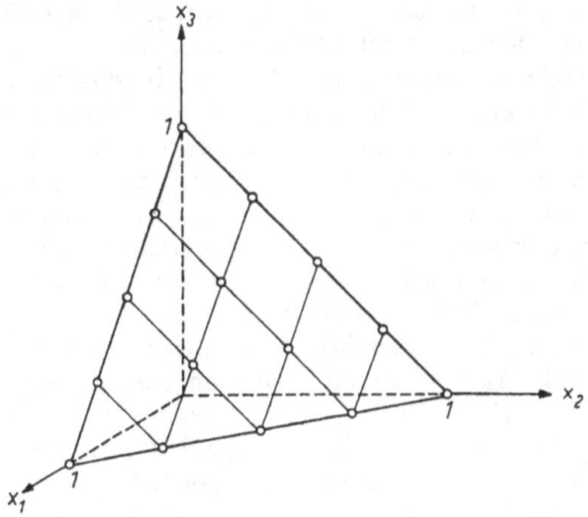

Abb. 2.1. (3,4)-Gitter

Gemisch repräsentiert. Bei diesem Vorgehen muß allerdings klar sein, welches mathematische Modell wahr ist, wenn die i-te Komponente der Mixtur ein Gemisch mehrerer Stoffe darstellt (vgl. Scheffé [1]).

2.1.8. Weitere Probleme

Die Konstruktion E- bzw. A-optimaler Versuchspläne wurde in den Arbeiten Ehrenfeld [2] und Wald [1] bzw. Chernoff [1], Elfving [1] und Kiefer/Wolfowitz [1] untersucht.

Für die C-Optimalität bei $\boldsymbol{c} = (0, \ldots, 0, 1)'$ wurden sehr weitreichende Resultate erzielt. So hängen die C-optimalen Pläne für $\boldsymbol{c} = (0, \ldots, 0, 1)'$ sehr eng mit Ergebnissen der Čebyšev-Approximation zusammen (vgl. KARLIN/STUDDEN [2], KIEFER [2], KIEFER/WOLFOWITZ [1] und STUDDEN [1]).

Iterationsverfahren zur Konstruktion diskreter A-, C-, I- bzw. für den Fall $H = \{\boldsymbol{x}_*\}$ G-optimaler Versuchspläne, die analog zu dem Verfahren aus Abschnitt 2.1.6 aufgebaut sind, wurden in FEDOROV [3] untersucht.

Mehrere Arbeiten verschiedener Autoren beschäftigen sich mit dem Problem, daß anstelle aller r Parameter des Ansatzes (2.1) nur s $(1 \leqq s \leqq r)$ von besonderer Wichtigkeit sind. Dementsprechend ist auch nicht mehr die gesamte Kovarianzmatrix $\sigma^2 n^{-1} \boldsymbol{M}^{-1}(\xi)$ von Bedeutung, sondern nur noch eine (s, s)-Untermatrix von ihr. Für diese Untermatrix lassen sich Überlegungen durchführen, die den vorhergehenden Abschnitten 2.1.1. bis 2.1.5. entsprechen. Zur Zulässigkeit für diesen Fall vgl. etwa ELFVING [3]. Als Optimalitätskriterien werden i. allg. die G- und D-Optimalität (in etwas verallgemeinerter Form) verwendet. So tritt z. B. bei der D-Optimalität an die Stelle der Minimierung von $\det(\boldsymbol{M}^{-1}(\xi))$ die Minimierung der Determinante der schon erwähnten (s, s)-Untermatrix. Mit symmetrischen optimalen (bezüglich $1 \leqq s \leqq r$) Versuchsplänen beschäftigen sich die Arbeiten ATWOOD [1] und KIEFER [2, 3 und 4]. Über die Anzahl der Versuchspunkte findet man Aussagen in ATWOOD [1], CHERNOFF [1] und KIEFER [3] und [6]. Im Fall $1 \leqq s \leqq r$ läßt sich keine wörtliche Übertragung des Äquivalenzsatzes (mit Ersetzung von r durch s) erreichen, jedoch gibt es zum Äquivalenzsatz ein Analogon (vgl. z. B. ATWOOD [1], KARLIN/STUDDEN [1 und 2], KIEFER [3 und 6]). Mit Ungleichungen für den Fall $1 \leqq s \leqq r$ beschäftigt sich die Arbeit ATWOOD [1].

In den Überlegungen war bisher stets σ^2 als konstant $(\sigma^2 = \sigma_0^2)$ vorausgesetzt. Diese Bedingung ist aber nicht immer erfüllt, z. B. kann σ^2 von $\boldsymbol{x}$ abhängen: $\sigma^2 = \sigma^2(\boldsymbol{x})$. Erste Ergebnisse hierzu wurden schon 1918 erzielt (vgl. SMITH [1]), insbesondere für $\sigma^2(x) = (1 + \alpha x)^2 \sigma_0^2$ bei $V = H = [-1; +1]$, $0 \leqq \alpha < 1$ und für $\sigma^2(x) = (1 + \alpha x^2)^2 \sigma_0^2$ bei $V = H = [-1; +1]$, $\alpha > -1$. Für den Fall $\sigma^2(\boldsymbol{x}) = v^2(\boldsymbol{x})\,\sigma_0^2$ mit $|v(\boldsymbol{x})| \geqq v_0 > 0$ wird in der Literatur (vgl. ELFVING [1] und KIEFER/WOLFOWITZ [1]) der Weg vorgeschlagen, anstelle des Regressionsansatzes $\eta(\boldsymbol{x}, \Theta) = \Theta_1 f_1(\boldsymbol{x}) + \cdots + \Theta_r f_r(\boldsymbol{x})$ den Regressionsansatz $\eta^*(\boldsymbol{x}, \Theta) = \Theta_1 f_1^*(\boldsymbol{x}) + \cdots + \Theta_r f_r^*(\boldsymbol{x})$ zu betrachten, der dieselben Parameter wie der erste Ansatz enthält und für den $\eta^*(\boldsymbol{x}, \Theta) = \eta(\boldsymbol{x}, \Theta)/v(\boldsymbol{x})$, $f_i^*(\boldsymbol{x}) = f_i(\boldsymbol{x})/v(\boldsymbol{x})$ $(i = 1, \ldots, r)$ sowie $\sigma^2 = \sigma_0^2$ gilt. Dieser Weg läßt sich noch auf den Fall (1.24) verallgemeinern (vgl. KIEFER [2]).

Wie schon erwähnt, legen die bisher verwendeten Optimalitätskriterien nicht fest, welcher Umfang n des Versuchsplanes optimal ist. Je größer n wird, um so genauer werden einerseits die Schätzungen, um so größer werden aber andererseits die für die Versuchsdurchführung benötigten Aufwendungen an Geld, Zeit, Material usw. Hier muß also ein Kompromiß gefunden werden. Beispielsweise kann man die Aufwendungen (ausgedrückt in Geld) als Zahl k_0 vorgeben und denjenigen Versuchsplan suchen, der die größte Determinante $\det(\boldsymbol{F}'\boldsymbol{F})$ liefert unter der Bedingung, daß die Aufwendungen k_0 nicht übersteigen. In der Literatur (vgl. CHERNOFF [1], ELFVING [1 und 2], KIEFER [2] und KIEFER/WOLFOWITZ [1]) wird der Weg vorgeschlagen, die Aufwendungen, die von $\boldsymbol{x}$ abhängen, zu σ^2 hinzuzufügen, so daß $\sigma^2 = \sigma^2(\boldsymbol{x})$ gilt. Das geschieht durch die Einführung sogenannter fiktiver Versuche (vgl. ELFVING [2]), denen die Aufwendungen 1 zugeordnet werden. Dieser Weg führt aber, wie genauere Untersuchungen zeigen, nicht immer zum optimalen Plan (vgl. JUNG [2]).

2.2. *Zusammenstellung wichtiger optimaler Pläne*

Die in den Abschnitten 2.2.1. bis 2.2.3. für den Fall $\boldsymbol{B}_{\mathfrak{Y}} = \sigma^2\boldsymbol{E}_n$ angegebenen optimalen Versuchspläne stellen die wichtigsten der bisher bekannten optimalen Pläne dar. In der dabei genannten Literatur sind oft noch weitere optimale Versuchspläne berechnet. Insbesondere für Regressionsansätze $\eta(\boldsymbol{x}, \Theta)$, die nicht die allgemeinsten Polynome ersten, zweiten oder dritten Grades darstellen, sind in der Arbeit VUČKOV/ERMURATSKIJ/KRUG/LECKIJ/NIKIFOROV [1] optimale Pläne angegeben. Für den Fall, daß der Versuchsbereich eine Kugel vom Radius ϱ bildet, d. h. $\sum_{i=1}^{k} x_i^2 \leqq \varrho^2$, wurden optimale Pläne untersucht und vorgeschlagen in den Arbeiten DUBOVA/PCKIALADZE/FEDOROV [1], FARRELL/KIEFER/WALBRAN [1], KARLIN/STUDDEN [1], KIEFER [4] und VUČKOV/ERMURATSKIJ/KRUG/LECKIJ/NIKIFOROV [1].

Die Versuchspläne sind zumeist so angegeben, daß die Koordinaten $x_1, \ldots, x_k$ der Versuchspunkte in dem Intervall $[-1; +1]$ liegen. Bei der Anwendung dieser optimalen Pläne interessiert vor allem die Frage, wie man aus ihnen die optimalen Pläne für den Fall erhält, daß die Koordinaten der Versuchspunkte in Intervallen $[a_i; b_i]$ $(i = 1, \ldots, k)$ liegen, d. h. daß V in $\tilde{V}$ geändert wird. Diese Umrechnung ist sehr einfach, wenn diese Pläne affininvariant bezüglich der affinen Abbildung $\boldsymbol{g}(\boldsymbol{x}) = \left(g_1(\boldsymbol{x}), \ldots, g_k(\boldsymbol{x})\right)'$ von V auf $\tilde{V}$ sind, wobei $g_i(\boldsymbol{x}) = (a_i + b_i)/2 + x_i(b_i - a_i)/2$ $(i = 1, \ldots, k)$ gilt. Die Definition der Affininvarianz (vgl. Abschnitt 1.4.1. läßt sich auch auf diskrete Versuchspläne $\xi^* = \{\boldsymbol{x}_l^*, p_l^*\}_{l=1}^m$ mit $\boldsymbol{x}_l^* \in V$ und $\xi^{**} = \{\boldsymbol{x}_l^{**}, p_l^{**}\}_{l=1}^m$ mit $\boldsymbol{x}_l^{**} \in \tilde{V}$ übertragen. Ob die nachfolgend zusammengestellten Versuchspläne affininvariant bezüglich $\boldsymbol{g}$ sind, kann für die G- oder D-Optimalität z. B. mit Hilfe des Satzes 1.2 überprüft werden.

2.2.1. Regressionsansätze in einer Variablen

(1) $$\eta(x, \Theta) = \Theta_0 + \Theta_1 x, \quad V = [-1; +1].$$

$V = H$: Der diskrete G-, D-, A- und E-optimale Plan gibt den Punkten -1 und $+1$ jeweils das Gewicht 1/2. Er ist auch C-optimal für $\boldsymbol{c} = (0, 1)'$ (vgl. ELFVING [1],

Smith [1]) und I-optimal für $p(x) = \text{const}$ (vgl. auch (3)).

Der konkrete G-optimale Plan vom Umfang n erfordert, falls n gerade ist, $n/2$ Versuche in -1 und $n/2$ Versuche in $+1$ und, falls n ungerade ist, $(n-1)/2$ Versuche in -1, einen Versuch in 0 und $(n-1)/2$ Versuche in $+1$ (vgl. Jung [1]). Der konkrete D-optimale Plan vom Umfang n erfordert, falls n gerade ist, je $n/2$ Versuche in -1 und in $+1$ und, falls n ungerade ist, $(n-1)/2$ Versuche in -1 (bzw. $+1$) und $(n+1)/2$ Versuche in $+1$ (bzw. -1). Er fällt mit dem C-optimalen Plan für $\mathbf{c} = (0, 1)'$ zusammen.

$V \neq H$: Bezüglich der G-Optimalität mit $H = \{x_*\}$ bei $x_* > 1$ ist der Plan optimal, der dem Punkt -1 das Gewicht $\frac{1}{2}\frac{x_* - 1}{x_*}$ und dem Punkt $+1$ das Gewicht $\frac{1}{2}\frac{x_* + 1}{x_*}$ gibt. Vgl. auch (3).

(2) $\quad \eta(x, \Theta) = \Theta_0 + \Theta_1 x + \Theta_2 x^2, \; V = [-1; +1].$

$V = H$: Der diskrete A-optimale und für $p(x) = \text{const}$ I-optimale Plan gibt den Punkten -1 und $+1$ je das Gewicht 1/4 und dem Punkt 0 das Gewicht 1/2 (vgl. (3) und Fedorov [5]). Dieser Plan ist auch C-optimal bezüglich $\mathbf{c} = (0, 0, 1)'$ (vgl. dazu (3)). Der diskrete G- (und D-) optimale Versuchsplan gibt den Punkten -1, 0 und $+1$ je das Gewicht 1/3 (vgl. auch (3)).

$V \neq H$: Bezüglich der G-Optimalität mit $H = \{x_*\}$ bei $x_* > 1$ ist der Plan optimal, der den Punkten -1, 0 bzw. $+1$ die Gewichte

$$\frac{x_*^2 - x_*}{4x_*^2 - 2}, \; \frac{2x_*^2 - 2}{4x_*^2 - 2} \text{ bzw. } \frac{x_*^2 + x_*}{4x_*^2 - 2}$$ gibt (vgl. auch (3)).

(3) $\quad \eta(x, \Theta) = \Theta_0 + \Theta_1 x + \Theta_2 x^2 + \cdots + \Theta_k x^k,$
$\quad V = [-1; +1].$

$V = H$: Der diskrete G- (und D-) optimale Plan gibt das Gewicht $1/(k+1)$ den $k+1$ Punkten:

$k = 1$: $\pm 1{,}0000$
$k = 2$: $\pm 1{,}0000$; $0{,}0000$
$k = 3$: $\pm 1{,}0000$; $\pm 0{,}4472$
$k = 4$: $\pm 1{,}0000$; $\pm 0{,}6547$; $0{,}0000$
$k = 5$: $\pm 1{,}0000$; $\pm 0{,}7651$; $\pm 0{,}2852$
$k = 6$: $\pm 1{,}0000$; $\pm 0{,}8302$; $\pm 0{,}4689$; $0{,}0000$.

Allgemein sind die Punkte des diskreten G- (und D-) optimalen Planes gerade die Nullstellen $x_0, x_1, \ldots, x_k$ von $(1 - x^2) L_k'(x)$, wobei $L_k'(x)$ die Ableitung des k-ten LEGENDRE-Polynoms ist (vgl. GUEST [1], HOEL [1] und SMITH [1]). Für $k = 2, 3, \ldots, 10$ sind diese optimalen Versuchspläne sowie die (daraus berechneten und) zur Parameterschätzung benötigten Matrizen vertafelt in DUBOVA/PCKIALADZE/FEDOROV [1]. Für $p(x) = \text{const}$ gibt der diskrete I-optimale Plan den obigen Nullstellen $x_i (i = 0, \ldots, k)$ das Gewicht $|L_k^{-1}(x_i)| \Big/ \sum_{j=0}^{k} |L_k^{-1}(x_j)|$ (vgl. MALJUTOV/FEDOROV [1]). Der C-optimale Plan bezüglich $\boldsymbol{c} = (0, \ldots, 0, 1)'$ gibt den Punkten -1 und $+1$ je das Gewicht $1/(2k)$ und den Punkten $x_j = \cos(j\pi/k)$ $(j = 1, \ldots, k-1)$ je das Gewicht $1/k$ (vgl. KIEFER/WOLFOWITZ [1], STUDDEN [1] und WILLIAMS [1]).

$V \neq H$: Bezüglich der G-Optimalität mit $H = \{x_*\}$ bei $x_* > 1$ ist der Plan optimal, der den Punkten $x_j = -\cos(j\pi/k)$ $(j = 0, \ldots, k)$ die Gewichte $p_j = |U_j(x_*)| \Big/ \sum_{i=0}^{k} |U_i(x_*)|$ gibt mit

$$U_j(x) = \frac{(x - x_0) \cdots (x - x_{j-1})(x - x_{j+1}) \cdots (x - x_k)}{(x_j - x_0) \cdots (x_j - x_{j-1})(x_j - x_{j+1}) \cdots (x_j - x_k)}.$$

Bemerkenswert hierbei ist die Tatsache, daß nur die Gewichte von x_* abhängen. Bekanntlich gilt $\max_{1 \leq x \leq x_*} D^2\hat{Y}(x) = D^2\hat{Y}(x_*)$, d. h., dieser Plan ist auch G-optimal für

$H = [x_{**}; x_*]$ mit $1 \leqq x_{**} \leqq x_*$. Dieser Plan ist ebenfalls G-optimal bezüglich $H = [-1; t]$, wenn $t > t_1$ ist und t_1 der Gleichung
$\max\limits_{-1 \leqq x \leqq 1} \sum\limits_{i=0}^{k} \frac{U_i^2(x)}{|U_i(t_1)|} = \sum\limits_{i=0}^{k} |U_i(t_1)|$ genügt (vgl. HOEL/LEVINE [1], KARLIN/STUDDEN [1 und 2]).

(4) $\eta(x, \Theta) = \sqrt{w(x)}\,(\Theta_0 + \Theta_1 x + \Theta_2 x^2 + \cdots + \Theta_k x^k)$,
$V = H$.

Der diskrete G- (und D-) optimale Plan gibt das Gewicht $1/(k+1)$ den $k+1$ Punkten $x_0, x_1, \ldots, x_k$, die im Fall

a) $w(x) \equiv 1$, $V = [-1; +1]$
Nullstellen sind von $(1 - x^2)\, L_k'(x)$, wobei $L_k'(x)$ die Ableitung des k-ten LEGENDRE-Polynoms ist;

b) $w(x) = (1 - x)^{\alpha+1} \cdot (1 + x)^{\beta+1}$, $\alpha > -1$, $\beta > -1$, $V = [-1; +1]$
Nullstellen sind des JACOBI-Polynoms $P_{k+1}^{(\alpha,\beta)}(x)$;

c) $w(x) = e^{-x}$, $V = [0, \infty)$
für $i = 1, \ldots, k$ Nullstellen sind des LAGUERRE-Polynoms $L_k^{(1)}(x)$ mit dem Parameter 1, und es gilt $x_0 = 0$;

d) $w(x) = x^{\alpha+1} e^{-x}$, $\alpha > -1$, $V = [0, \infty)$
Nullstellen sind von $L_{k+1}^{(\alpha)}(x)$;

e) $w(x) = e^{-x^2}$, $V = (-\infty, \infty) = R^1$
Nullstellen sind des HERMITE-Polynoms $H_{k+1}(x)$ (vgl. KARLIN/STUDDEN [1 und 2]).

Zu diskreten I-optimalen Versuchsplänen für $p(x) = \text{const}$ vgl. mit (3) bzw. im Fall e) mit MALJUTOV/FEDOROV [1].

(5) $\eta(\varphi, \boldsymbol{a}) = a_0 + a_1 \cos \varphi + \cdots + a_k \cos k\varphi$,
$V = H = [0, \pi]$.

Der diskrete G- (und D-) optimale Plan gibt den Punkten φ_i mit $\cos \varphi_i = x_i (i = 0, \ldots, k)$ das Gewicht $1/(k+1)$, wobei $x_0, \ldots, x_k$ Nullstellen sind von $(1 - x^2) L_k'(x)$ und $L_k'(x)$ die Ableitung des k-ten LEGENDRE-Polynoms ist (vgl. KARLIN/STUDDEN [1]).

$$(6) \quad \eta(\varphi, \boldsymbol{a}) = a_0 + a_1 \cos \varphi + a_2 \sin \varphi + \cdots + a_{2k-1} \cos k\varphi + a_{2k} \sin k\varphi, \; V = H = [0; 2\pi].$$

Ein konkreter G- und D-optimaler Plan vom Umfang $n (n \geqq 2k + 1)$ erfordert je einen Versuch in den n Punkten $\varphi_j = \alpha + 2j\pi/n$ $(j = 0, \ldots, n - 1)$, wobei $0 \leqq \alpha \leqq 2\pi/n$ gilt. Er ist zugleich auch (für jedes n) ein diskreter G- (und D-) optimaler Plan (vgl. FEDOROV [3], HOEL [3] und KARLIN/STUDDEN [1]). Die zugehörige Matrix $\boldsymbol{F}'\boldsymbol{F}$ ist eine Diagonalmatrix mit den Diagonalelementen $d_1 = n, d_2 = \cdots = d_{2k+1} = n/2$.

2.2.2. *Regressionsansätze in mehreren Variablen*

$$(7) \quad \eta(\boldsymbol{x}, \boldsymbol{\Theta}) = \Theta_0 + \Theta_1 x_1 + \cdots + \Theta_k x_k, \quad V: -1 \leqq x_i \leqq 1 \; (i = 1, \ldots, k), \; V = H.$$

Der konkrete und zugleich diskrete G-, D-, A- und E-optimale Plan kann gemäß Abschnitt 2.1.4. aus HADAMARD-Matrizen erhalten werden. Diese Matrizen haben für $n = 2, 4, 8, 12$ z. B. die Form (+ entspricht +1, — entspricht —1):

$$\begin{pmatrix} + & + \\ + & - \end{pmatrix}$$

$$\begin{pmatrix} + & + & + & + \\ + & + & - & - \\ + & - & + & - \\ + & - & - & + \end{pmatrix}$$

$$\begin{pmatrix} + & + & + & + & + & + & + & + \\ + & + & + & + & - & - & - & - \\ + & + & - & - & + & + & - & - \\ + & + & - & - & - & - & + & + \\ + & - & + & - & + & - & + & - \\ + & - & + & - & - & + & - & + \\ + & - & - & + & + & - & - & + \\ + & - & - & + & - & + & + & - \end{pmatrix}$$

$$\begin{pmatrix}
+ & + & + & + & + & + & + & + & + & + & + & + \\
+ & - & + & - & + & + & + & - & - & - & + & - \\
+ & - & - & + & - & + & + & + & - & - & - & + \\
+ & + & - & - & + & - & + & + & + & - & - & - \\
+ & - & + & - & - & + & - & + & + & + & - & - \\
+ & - & - & + & - & - & + & - & + & + & + & - \\
+ & - & - & - & + & - & - & + & - & + & + & + \\
+ & + & - & - & - & + & - & - & + & - & + & + \\
+ & + & + & - & - & - & + & - & - & + & - & + \\
+ & + & + & + & - & - & - & + & - & - & + & - \\
+ & - & + & + & + & - & - & - & + & - & - & + \\
+ & + & - & + & + & + & - & - & - & + & - & -
\end{pmatrix}$$

(8) $\eta(\boldsymbol{x}, \Theta) = \Theta_1 x_1 + \Theta_2 x_2 + \cdots + \Theta_k x_k, \; V = H.$

Dieser Ansatz hat kein Absolutglied.

V: $-1 \leqq x_i \leqq 1$ ($j = 1, \ldots, k$). Die für den Ansatz bei (7) angegebenen G- (und D-) optimalen Pläne sind hier ebenfalls G- (und D-) optimal.

V: $0 \leqq x_i \leqq 1$ ($i = 1, \ldots, k$). Hierfür sind in Brodskij/Golikova [1] G- (und D-) optimale Pläne angegeben. Für den Fall D-optimaler Pläne bei $k = 2$ vgl. auch Atkinson/Hunter [1]. In den Arbeiten Elfving [1 und 2] werden A- und C-optimale Pläne angegeben und untersucht.

$V = \{\boldsymbol{x}_1, \ldots, \boldsymbol{x}_k\}$. Der Versuchsbereich besteht also aus k verschiedenen Punkten. Der diskrete D-optimale Plan gibt jedem der k Punkte das Gewicht $1/k$ (vgl. Abschnitt 2.1.4.). Zu A-optimalen Plänen vgl. Sinha [1].

(9) lineare Regression 2. Grades in k Variablen,
V: $-1 \leqq x_i \leqq 1$ ($i = 1, \ldots, k$), $V = H$,

$$\begin{aligned}
\eta(\boldsymbol{x}, \Theta) = \Theta_0 &+ \Theta_1 x_1 + \Theta_2 x_2 + \cdots + \Theta_k x_k \\
&+ \Theta_{k+1} x_1^2 + \cdots + \Theta_{2k} x_k^2 \\
&+ \Theta_{2k+1} x_1 x_2 + \cdots + \Theta_{k(k+3)/2} x_{k-1} x_k .
\end{aligned}$$

Dieser Regressionsansatz besitzt $\binom{k+2}{2} = (k+2) \times (k+1)/2$ Koeffizienten. Das Spektrum der in Tabelle 2.1 angegebenen diskreten G- (und D-) optimalen Pläne besteht aus $2^k + k2^{k-1} + 1$ Punkten. Diese Zahl wächst

Tabelle 2.1
G-optimale Pläne für die polynomiale Regression 2. Grades in k Variablen

k	α	β	γ	$2^k + k2^{k-1} + 1$	$(k+1)(k+2)/2$
1	0,33333	0	0,66667	3	3
2	0,09619	0,32064	0,58316	9	6
3	0,06547	0,42419	0,51034	21	10
4	0,04738	0,50208	0,45055	49	15
5	0,03675	0,56218	0,40207	113	21
6	0,02710	0,60971	0,36228	257	28
7	0,02160	0,64859	0,32971	577	36

mit k exponentiell, d. h., für große Werte von k sind diese Versuchspläne nicht zu empfehlen. Die G- (und D-) optimalen Pläne geben das Gewicht α dem Mittelpunkt des Würfels V, das Gewicht β der Menge aller $k2^{k-1}$ Mittelpunkte der Würfelkanten und das Gewicht γ der Menge aller 2^k Eckpunkte (wobei die Gewichte gleichmäßig auf alle Punkte der jeweiligen Menge verteilt werden). Die Tabelle 2.1 wurde aus der Arbeit Kôno [1] entnommen. Die zur Parameterschätzung benötigten (und aus diesen Plänen berechneten) Matrizen sind für $k = 2, \ldots, 5$ angegeben in Dubova/Pckialadze/Fedorov [1]. Andere Pläne sind in Farrell/Kiefer/Walbran [1] und Kiefer [3] angegeben.

(10) lineare Regression 3. Grades in 2 Variablen,

$V\colon -1 \leqq x_1, x_2 \leqq 1,\ V = H,$

$$\eta(\boldsymbol{x}, \Theta) = \Theta_0 + \Theta_1 x_1 + \Theta_2 x_2 + \Theta_3 x_1^2 + \Theta_4 x_2^2 + \Theta_5 x_1 x_2 + \Theta_6 x_1^3 + \Theta_7 x_2^3 + \Theta_8 x_1^2 x_2 + \Theta_9 x_1 x_2^2.$$

Der Plan, der das Gewicht $p_1/4$ den 4 Punkten $(\pm 1, \pm 1)'$, das Gewicht $p_2/8$ den 8 Punkten $(\pm 1, \pm a)'$ und $(\pm a, \pm 1)'$ sowie das Gewicht $(1 - p_1 - p_2)/4$ und 4 Punkten $(\pm b, \pm b)'$ gibt mit $a = 0{,}35880$, $b = 0{,}48000$, $p_1 = 0{,}36770$, $p_2 = 0{,}46100$, ist G- (und D-) optimal (vgl. FARRELL/KIEFER/WALBRAN [1]). Die zur Parameterschätzung benötigten (und aus diesem Plan berechneten) Matrizen sind angegeben in DUBOVA/PCKIALADZE/FEDOROV [1].

2.2.3. *Mixturpläne*

(11) $$\eta(\boldsymbol{x}, \boldsymbol{\Theta}) = \Theta_1 x_1 + \Theta_2 x_2 + \cdots + \Theta_k x_k,$$
$$x_i \geqq 0 \; (i = 1, \ldots, k), \sum_{i=1}^{k} x_i = 1.$$

Ein diskreter G- (und D-) optimaler Plan gibt den k Punkten $(1, 0, \ldots, 0)'$, $(0, 1, \ldots, 0)'$, $\ldots$, $(0, 0, \ldots, 1)'$ das Gewicht $1/k$, d. h. den k Punkten des $(k, 1)$-Gitters (vgl. ATWOOD [1] und FARRELL/KIEFER/WALBRAN [1]).

(12) $$\eta(\boldsymbol{x}, \boldsymbol{\Theta}) = \Theta_1 x_1 + \cdots + \Theta_k x_k + \Theta_{k+1} x_1 x_2 + \cdots + \Theta_{k(k+1)/2} x_{k-1} x_k,$$
$$x_i \geqq 0 \; (i = 1, \ldots, k), \sum_{i=1}^{k} x_i = 1.$$

Ein diskreter G- (und D-) optimaler Plan gibt jedem Punkt des $(k, 2)$-Gitters das Gewicht $2/(k^2 + k)$ (vgl. FARRELL/KIEFER/WALBRAN [1], KARLIN/STUDDEN [1] und KIEFER [3]).

(13) $$\eta(\boldsymbol{x}, \boldsymbol{\Theta}) = \Theta_1 x_1 + \cdots + \Theta_k x_k + \Theta_{k+1} x_1 x_2 + \cdots + \Theta_{k(k+1)/2} x_{k-1} x_k + \Theta_{k(k+1)/2+1} x_1 x_2 x_3 + \cdots + \Theta_{k(k^2+5)/6} x_{k-2} x_{k-1} x_k,$$
$$x_i \geqq 0 \; (i = 1, \ldots, k), \sum_{i=1}^{k} x_i = 1.$$

Ein diskreter G- (und D-) optimaler Plan gibt das Gewicht $6/(k^3 + 5k)$ jedem Punkt des $(k, 2)$-Gitters und jedem Punkt, in dem drei der k Komponenten den Wert 1/3 haben (vgl. ATWOOD [1], URANISI [1]).

$$(14) \quad \eta(\boldsymbol{x}, \boldsymbol{\Theta}) = \Theta_1 x_1 + \Theta_2 x_2 + \Theta_3 x_3 + \Theta_4 x_1 x_2 + \Theta_5 x_1 x_3 + \Theta_6 x_2 x_3 + \Theta_7 x_1 x_2 (x_1 - x_2) + \Theta_8 x_1 x_3 (x_1 - x_3) + \Theta_9 x_2 x_3 (x_2 - x_3) + \Theta_{10} x_1 x_2 x_3, \; x_i \geqq 0 \; (i = 1, 2, 3), \sum_{i=1}^{3} x_i = 1.$$

Ein diskreter G- (und D-) optimaler Plan gibt das Gewicht 1/10 den 4 Punkten $(1, 0, 0)'$, $(0, 1, 0)'$, $(0, 0, 1)'$, $\left(\frac{1}{3}, \frac{1}{3}, \frac{1}{3}\right)'$ sowie den 6 Punkten, bei denen eine Komponente den Wert 0, eine Komponente den Wert $\left(1 + 1/\sqrt{5}\right)/2$ und eine Komponente den Wert $\left(1 - 1/\sqrt{5}\right)/2$ hat (vgl. FARRELL/KIEFER/WALBRAN [1]).

3. Mehrfaktorpläne

3.1. *Einleitung*

Für die Betrachtungen in Kapitel 2 wurde stets ein wahres Modell vorausgesetzt. Die Schätzung wählte man nach der MKQ, deren Optimalitätseigenschaften unter dieser Voraussetzung aus dem GAUSS-MARKOV-Theorem bekannt sind. Als Nebenbedingung an die Versuchspläne wurde die Existenz der Inversen der Informationsmatrix gefordert. Die in Kapitel 2 erhaltenen optimalen Versuchspläne minimieren stets ein Funktional der Kovarianzmatrix der Schätzung der Regressionsparameter. Die Versuchsanzahl n wurde dabei als weitere Nebenbedingung fest gewählt.

In Kapitel 3. wird eine andere Richtung der optimalen Versuchsplanung beschrieben. Bei einer praktischen Aufgabenstellung wird häufig kein wahrer Ansatz bekannt sein. Aus diesem Grund soll im folgenden der gewählte Regressionsansatz nicht mehr als wahr vorausgesetzt werden. Von ihm fordert man nur, daß er eine hinreichend gute Beschreibung der wahren Wirkungsfläche zuläßt. Zur Approximation der wahren Wirkungsfläche werden i. allg. Polynome 1. und 2. Grades bzw. spezielle Polynome k-ten Grades verwendet. Die Schätzung wird stets nach der MKQ bestimmt. Da kein wahres Modell vorausgesetzt wird, gilt für diesen Fall nicht mehr die Aussage des GAUSS-MARKOV-Theorems. Es wird daher auch keine Optimierung der dort betrachteten Varianzausdrücke durch den Versuchsplan mehr verlangt, sondern man begnügt sich mit der Forderung an die verwendeten Pläne:

a) Die Varianzausdrücke der nach der MKQ erhaltenen Schätzungen der Wirkungsfläche und der Koeffizienten sollen gewissen Bedingungen an ihre Struktur und Größenordnung genügen.

Im Zusammenhang mit dem approximativen Charakter des Regressionsansatzes ist es folgerichtig, die folgenden Forderung zu stellen (vgl. BOX/HUNTER [1]):

b) Durch einen entsprechenden Test soll nachprüfbar sein, ob der gewählte Ansatz bereits zu einer hinreichend guten Beschreibung der Wirkungsfläche ausreicht.

Wenn die Nullhypothese eines solchen Tests angenommen bzw. abgelehnt wird, ist es in der Literatur üblich, den zugrunde liegenden Ansatz als adäquat bzw. inadäquat zu bezeichnen. Entsprechend wird das Modell, zu dem dieser Ansatz gehört, adäquat bzw. inadäquat genannt. Ein adäquates Modell wird wie ein wahres behandelt und verwendet. Zu beachten ist, daß die Adäquatheit bzw. Inadäquatheit eines Modells vom Ausgang des gewählten Tests abhängt. Wird die Nullhypothese abgelehnt, ist das Modell also inadäquat, dann soll die

Wirkungsfläche durch ein Polynom nächsthöheren Grades approximiert werden. Es ist sinnvoll, für die Schätzung der Koeffizienten dieses Polynoms die bereits erhaltenen Ergebnisse mit zu verwenden. Daraus ergibt sich als Konsequenz die Forderung an den Versuchsplan:

c) Der Plan soll den Kern eines Versuchsplanes nächsthöherer Ordnung bilden.

Im Kapitel 3 werden Klassen von Versuchsplänen untersucht, die gemäß diesen Forderungen aufgestellte Nebenbedingungen erfüllen. Von vorrangiger Bedeutung ist dabei a), während die Bedeutung der anderen Forderungen vom speziellen praktischen Problem abhängt.

Als optimaler Versuchsplan wird in Kapitel 3 ein Plan aus einer solchen Klasse von Plänen bezeichnet, der die Versuchsanzahl n minimiert. Oft sind die Aufwendungen an Geld, Zeit, Material usw. für die Versuchsdurchführung als Funktion der Versuchsanzahl n darstellbar. Dann entspricht die Minimierung von n der Minimierung der Versuchsaufwendungen. Im allgemeinen werden die optimalen Versuchspläne nicht eindeutig bestimmt sein.

Die in Kapitel 3 zu behandelnden Pläne wurden unter dem Gesichtspunkt der praktischen Anwendbarkeit aufgebaut und fanden in der Praxis breite Verwendung. Sie besitzen vor allem für das von Box und Wilson 1951 entwickelte Verfahren zur Bestimmung eines Extremums der Wirkungsfläche Bedeutung. Es zeigt sich, daß für gewisse Nebenbedingungen eine Klasse von Versuchsplänen erhalten wird, die mit den aus der Varianzanalyse bekannten faktoriellen Versuchsplänen zusammenfällt.

3.2. *Formulierung des Modells*

Im folgenden werden $k (k \geqq 2)$ unabhängige, stetig veränderliche Variable (Faktoren) $x_1, \ldots, x_k$ betrachtet. Der Vektor $\boldsymbol{x} = (x_1, \ldots, x_k)'$ nehme Werte aus einem Bereich B an. Zwischen den Faktoren und einer gewissen

Zielgröße Y bestehe ein unbekannter Zusammenhang $EY = \eta(x_1, \ldots, x_k)$. Die Wirkungsfläche soll innerhalb eines beschränkten Prognosebereiches $H \subset B$ durch ein Polynom vom Grade d approximiert werden:

$$\tilde{\eta} = \Theta_0 + \sum_{i=1}^{k} \Theta_i x_i + \sum_{i=1}^{k-1} \sum_{j=i+1}^{k} \Theta_{ij} x_i x_j$$

$$+ \sum_{i=1}^{k} \Theta_{ii} x_i^2 + \cdots + \sum_{i=1}^{k} \Theta_{ii \cdots i} x_i^d. \tag{3.1}$$

Dieser Regressionsansatz wird auch in der entsprechend (1.2) zu bildenden formalen linearen Darstellung

$$\tilde{\eta} = \sum_{i=1}^{r} \Theta_i f_i(\boldsymbol{x})$$

benutzt. Die Komponenten des Vektors der Beobachtungen, die in den Versuchspunkten eines Planes V_n durchgeführt werden, seien unkorrelierte Zufallsgrößen mit gleicher (i. allg. unbekannter) Varianz σ^2. Die Regressionskoeffizienten werden wieder nach der MKQ (vgl. Abschnitt 1.1.) geschätzt.

Einen Versuchsplan für ein solches Problem nennt man *k-dimensionalen Versuchsplan der Ordnung d.* Im Kapitel 3 werden Versuchsbereich und Prognosebereich stets übereinstimmen ($V = H$). Da das allgemeinste Polynom d-ten Grades $\binom{k+d}{d}$ Koeffizienten besitzt, muß ein k-dimensionaler Versuchsplan der Ordnung d wenigstens $\binom{k+d}{d}$ Versuchspunkte enthalten, um jeden Koeffizienten schätzen zu können. Außerdem muß jeder einzelne Faktor im Versuchsplan V_n wenigstens $d + 1$ verschiedene Werte annehmen, um die Koeffizienten eines Polynoms d-ten Grades bestimmen zu können. Die verschiedenen Werte, die ein Faktor in einem Versuchsplan annimmt, werden *Stufen* oder *Niveaus* des Faktors genannt. Da stets $k \geqq 2$ Faktoren untersucht werden sollen, spricht man auch von *Mehrfaktorplänen.*

3.3. Faktorielle Versuchspläne

3.3.1. Allgemeines

Faktorielle Versuchspläne sind grundlegend für die in diesem Kapitel behandelten Methoden der Versuchsplanung.

In einem faktoriellen Versuchsplan nehmen die k stetig veränderlichen Faktoren nur $t_i (i = 1, \ldots, k)$ verschiedene feste Stufen an (t_i endlich), die im voraus zu wählen sind. In der Praxis kann das durch die zu untersuchenden technischen Prozesse bedingt sein, bei denen Faktoren wie Temperatur, Druck und Konzentration der Ausgangsstoffe nur auf gewisse Stufen eingestellt werden können. Sind die Faktoren dagegen kontinuierlich einstellbar, hat man die endlich vielen Stufen auf eine noch zu beschreibende Weise geeignet auszuwählen. Durch die Vorgabe der Stufen wird der Versuchsbereich diskretisiert. Die Versuchspunkte können nur noch unter endlich vielen möglichen Punkten aus V bestimmt werden. Die Menge der t_i Stufen des i-ten Faktors sei durch $\{s_{i1}, \ldots, s_{it_i}\}$ $(i = 1, \ldots, k)$ bezeichnet, wobei $s_{il} \neq s_{iq}$ $(l, q = 1, \ldots, t_i; l \neq q)$ gilt. Die Menge der konkreten Versuchspläne $\{V_n\} = \{V_n | x_{ji} \in \{s_{i1}, \ldots, s_{it_i}\}$ $(j = 1, \ldots, n; i = 1, \ldots, k)$; $\det(\boldsymbol{M}(V_n)) \neq 0\}$ ist dann für beliebiges festes n endlich. Dabei ist x_{ji} die Stufe des i-ten Faktors im j-ten Versuch.

Ein Plan, der alle möglichen oder einen wohldefinierten Teil (näheres dazu in Abschnitt 3.3.3.) aller möglichen Kombinationen der endlich vielen Stufen jedes Faktors ($k \geqq 2$) enthält, heißt *faktorieller Versuchsplan.* Dabei können in jedem Versuchspunkt ein oder mehrere Versuche durchgeführt werden.

Bei einem Polynomansatz vom Grade d in allen k Variablen wählt man stets $t_i = d + 1$ $(i = 1, \ldots, k)$. Solche faktoriellen Versuchspläne, bei denen alle Faktoren auf die gleiche Anzahl von Stufen eingestellt werden, heißen *symmetrisch*. *Unsymmetrische* Versuchspläne mit verschiedener Stufenanzahl für die einzelnen Faktoren werden verwendet, wenn a priori bekannt ist, daß der Polynomansatz nicht in allen Faktoren vom gleichen Grad d gewählt zu werden braucht. In diesem Kapitel werden nur symmetrische faktorielle Pläne behandelt.

3.3.2. *Vollständige faktorielle Versuchspläne vom Typ 2^k*

Kann die Wirkungsfläche durch ein Polynom vom Grade $d = 1$ beschrieben werden, wählt man $t_i = 2$ $(i = 1, \ldots, k)$. Eine hinreichend genaue Beschreibung der Wirkungsfläche durch ein Polynom 1. Grades ist i. allg. nur in einem relativ kleinen Prognosebereich möglich. Als Versuchsbereich $V (V = H)$ wird bis zum Abschnitt 3.3.4. stets der k-dimensionale Würfel

$$V\colon -1 \leqq x_i \leqq 1 \quad (i = 1, \ldots, k) \qquad (3.2)$$

betrachtet.

Zunächst sind die beiden Stufen der Faktoren in geeigneter Weise fest zu wählen. Für das in diesem Abschnitt betrachtete Regressionsmodell ist aus Kapitel 2 bekannt, daß bezüglich aller möglichen Festlegungen zweier Stufen bei diskreten Versuchsplänen die Varianz der Schätzung der Regressionskoeffizienten für die Stufen $+1$ und -1 minimal wird. Aus diesem Grunde (und entsprechend geht man im allgemeinen Fall der Festlegung von $d + 1$ Stufen vor) wählt man -1 als untere Stufe und $+1$ als obere Stufe jedes Faktors. Somit kommen als Versuchspunkte nur die Eckpunkte des k-dimensionalen Würfels V in Betracht. Im folgenden werden die Stufen $+1$ und -1 meist nur kurz durch „+" und „−" bezeichnet.

Ein *vollständiger faktorieller Versuchsplan vom Typ 2^k*, im folgenden kurz mit VFV 2^k bezeichnet, enthält alle möglichen 2^k Kombinationen der beiden Stufen der k Faktoren.

Die Basis des Exponentialausdrucks für den Typ ist gleich der Stufenanzahl, der Exponent gleich der Anzahl der Faktoren. Der Typ gibt die Versuchsanzahl $n = 2^k$ an. Wenn keine anderen Festlegungen getroffen werden, ist in jedem Versuchspunkt eines VFV 2^k ein Versuch durchzuführen.

Zunächst soll der Fall von $k = 2$ unabhängigen Variablen behandelt werden. Der VFV 2^2 ermöglicht es nicht nur, die Koeffizienten Θ_0, Θ_1 und Θ_2 eines Polynomansatzes 1. Grades zu schätzen, sondern gestattet auch die Schätzung von Θ_{12} (vgl. (3.1)). Ausgehend von der Annahme, daß durch Hinzunahme weiterer Glieder der TAYLOR-Entwicklung zum Regressionsansatz die Wirkungsfläche genauer beschrieben werden kann, fügt man das Glied $\Theta_{12}x_1x_2$ zum bisherigen Ansatz 1. Grades hinzu und erhält das spezielle Polynom 2. Grades

$$\tilde{\eta} = \Theta_0 x_0 + \Theta_1 x_1 + \Theta_2 x_2 + \Theta_{12} x_1 x_2 \qquad (3.3)$$

$$(x_0 \equiv 1).$$

Dieser Ansatz wurde bereits in Abschnitt 2.1.4. untersucht. In der Literatur bezeichnet man Θ_1 sowie Θ_2 als *Hauptwirkungen* und Θ_{12} als (*zweifaktorielle*) *Wechselwirkung*.

Der VFV 2^2 wird in der in Tabelle 3.1 angegebenen (für die Auswertung günstigen) Form geschrieben.

Tabelle 3.1
VFV 2^2 (Schema für die Auswertung)

Versuch Nr.	Matrix F	V_4			Codierung	Vektor der Beobachtungen $\mathfrak{y}$
	x_0	x_1	x_2	x_1x_2		
1	+	−	−	+	(1)	y_1
2	+	+	−	−	a	y_2
3	+	−	+	−	b	y_3
4	+	+	+	+	ab	y_4

In der ersten Spalte der Tabelle 3.1 steht der Wert von $x_0 \equiv 1$. In der zweiten und dritten Spalte sind die Stufen der Faktoren x_1 und x_2 und in der vierten Spalte der Wert des Produktes $x_1 x_2$ eingetragen. Die zweite und dritte Spalte bilden somit den eigentlichen Versuchsplan V_4. Die vorletzte Spalte enthält eine Codebezeichnung für die jeweilige Zeile, d. h. für die jeweilige Faktorenkombination. Dem Faktor x_1 wird der kleine lateinische Buchstabe a und dem Faktor x_2 der Buchstabe b zugeordnet. Fehlt in der Codierung a bzw. b, so befindet sich x_1 bzw. x_2 auf der unteren Stufe, im anderen Fall auf der oberen Stufe. Die Kombination $x_1 = 1$ und $x_2 = 1$ wird also durch ab codiert. Befinden sich beide Faktoren auf der unteren Stufe, wird (1) als Code gewählt. Damit läßt sich Tabelle 3.1 kurz darstellen als (1), a, b, ab.

Die erste Zeile der Tabelle 3.1 entspricht dem ersten Versuch, in dem beide unabhängige Variable x_1 und x_2 auf die untere Stufe einzustellen sind usw. Die vier Versuchspunkte liegen in den Eckpunkten des als Versuchsbereich V gewählten Quadrates $-1 \leqq x_i \leqq 1$ $(i = 1, 2)$. Bei der praktischen Versuchsdurchführung wird die Reihenfolge der Versuche zufällig ausgewählt (Randomisation). Die Randomisation ist das grundlegende Mittel zur Vermeidung eines möglicherweise durch die Reihenfolge der Versuche bedingten systematischen Fehlers.

Die Anzahl der Versuche stimmt beim gewählten Regressionsansatz (3.3) mit der Anzahl der nach der MKQ zu schätzenden Koeffizienten überein. Solche Versuchspläne nennt man *gesättigt*. In diesem Kapitel wird der gewählte Regressionsansatz nicht als wahr vorausgesetzt, sondern als Approximation der wahren Wirkungsfläche betrachtet. Für ungesättigte Versuchspläne ist es möglich, nach der Durchführung der Versuche die Hypothese der adäquaten Beschreibung der Beobachtungen durch den gewählten Regressionsansatz zu testen. Für diesen Test müssen die Meßwerte zusätzlich zu den Voraussetzungen aus Abschnitt 3.2. normalverteilt sein.

Der Test soll für den allgemeinen Fall der Prüfung eines Ansatzes der Form (3.1) auf Adäquatheit beschrieben werden. Es wird davon ausgegangen, daß σ^2 unbekannt ist. Zunächst muß ein Schätzwert für σ^2 berechnet werden.

Diesen Schätzwert erhält man durch zusätzliche Versuche. Entweder führt man zusätzlich zu den n Versuchen des VFV je n_0

Messungen in allen bzw. in l bestimmten Punkten des VFV durch oder n_0 Versuche im Punkt $(x_1, x_2, \ldots, x_k)' = (0, 0, \ldots, 0)'$, dem sogenannten Zentrum des Versuchsbereiches (dann setze $l = 1$). Man erhält den Schätzwert

$$s^2 = \frac{1}{l(n_0 - 1)} \sum_{i=1}^{l} \sum_{j=1}^{n_0} (y_{ij} - \bar{y}_i)^2 \text{ mit } \bar{y}_i = \frac{1}{n_0} \sum_{j=1}^{n_0} y_{ij}.$$

Als zweite Größe ist ein Schätzwert für die Restvarianz σ_R^2 zu berechnen gemäß

$$s_R^2 = \frac{1}{n - r} \sum_{j=1}^{n} (\hat{y}_j - y_j)^2.$$

Der experimentell ermittelte Wert im j-ten Versuchspunkt ist dabei durch y_j bezeichnet, der entsprechende aus der Regressionsgleichung berechnete Wert durch $\hat{y}_j$.

Die Prüfung der (Null-) Hypothese H_0: $\sigma_R^2 = \sigma^2$ der Gleichheit der beiden Varianzen kann anhand der F-verteilten Testgröße mit $f_1 = n - r$ und $f_2 = l(n_0 - 1)$ Freiheitsgraden

$$F = \frac{S_R^2}{S^2} \tag{3.4}$$

bei rechtsseitig gewähltem kritischen Bereich vorgenommen werden. Im Fall der Ablehnung der Hypothese, d. h., wenn sich s_R^2 als signifikant größer als s^2 erweist, trifft man die Entscheidung, daß die Wirkungsfläche durch den gewählten Regressionsansatz nicht adäquat beschrieben wird und wählt einen Polynomansatz nächsthöheren Grades.

Handelt es sich um ein Polynom 1. Grades, so kann die Adäquatheit auch nach einer oft angewandten Methode geprüft werden, die Abschnitt 3.3.3. zu entnehmen ist.

Die Varianz σ^2 wird praktisch selten a priori bekannt sein. Wenn $\sigma^2 = \sigma_0^2$ jedoch bekannt ist und $n > r$ gilt, kann die Adäquatheit des Ansatzes mit der bekannten χ^2-verteilten Testgröße $\chi^2 = (n - r) \times S_R^2/\sigma_0^2$ geprüft werden. Dazu sind keine zusätzlichen Versuche erforderlich.

Nun sollen $k = 3$ unabhängige Variable betrachtet werden. Alle 2^3 Koeffizienten des speziellen Polynoms

3. Grades

$$\tilde{\eta} = \Theta_0 x_0 + \Theta_1 x_1 + \Theta_2 x_2 + \Theta_3 x_3 + \Theta_{12} x_1 x_2 + \Theta_{13} x_1 x_3 + \Theta_{23} x_2 x_3 + \Theta_{123} x_1 x_2 x_3 \quad (3.5)$$

kann man auf der Basis eines VFV 2^3 schätzen.

Mit Hilfe der Codierung läßt sich Tabelle 3.2 in einer Zeile schreiben:

$$(1), a, b, ab, c, ac, bc, abc.$$

Beschränkt man sich beim Regressionsansatz auf ein Polynom 1. Grades, hat man mit den in den acht Versuchen des VFV 2^3 erhaltenen Beobachtungen vier Koeffizienten zu schätzen, und vier Freiheitsgrade bleiben für einen Test auf Adäquatheit des Ansatzes übrig.

Tabelle 3.2
VFV 2^3 (Schema für die Auswertung)

Versuch Nr.	Matrix F								Codierung	Vektor der Beobachtungen $\mathfrak{y}$
	x_0	x_1 (V_3)	x_2 (V_3)	x_3 (V_3)	x_1x_2	x_1x_3	x_2x_3	$x_1x_2x_3$		
1	+	−	−	−	+	+	+	−	(1)	y_1
2	+	+	−	−	−	−	+	+	a	y_2
3	+	−	+	−	−	+	−	+	b	y_3
4	+	+	+	−	+	−	−	−	ab	y_4
5	+	−	−	+	+	−	−	+	c	y_5
6	+	+	−	+	−	+	−	−	ac	y_6
7	+	−	+	+	−	−	+	−	bc	y_7
8	+	+	+	+	+	+	+	+	abc	y_8

Enthält der verwendete Versuchsplan jeden der Versuchspunkte eines VFV einmal, so spricht man — sprachlich unexakt — von „*einer Wiederholung des VFV*".

Den VFV 2^3 erhält man aus dem VFV 2^2, indem der VFV 2^2 einmal unter Hinzufügung von x_3 auf dem unteren Niveau und einmal unter Hinzufügung von x_3 auf dem oberen Niveau wiederholt wird. Entsprechend läßt sich ein VFV 2^4 aufbauen: man wiederholt den VFV 2^3 einmal mit x_4 auf dem unteren und einmal mit x_4 auf dem oberen Niveau. Der VFV für $k = 4$ unabhängige Variable auf je 2 Stufen (VFV 2^4) besitzt dann die folgende Codierung:

(1), *a*, *b*, *ab*, *c*, *ac*, *bc*, *abc*, *d*, *ad*, *bd*, *abd*, *cd*, *acd*, *bcd*, *abcd*.

Analog kann man einen VFV 2^k für beliebiges k aufbauen. Auf Grund eines VFV 2^k ist es möglich, die 2^k Koeffizienten eines speziellen Polynomansatzes k-ter Ordnung

$$\tilde{\eta} = \Theta_0 x_0 + \Theta_1 x_1 + \cdots + \Theta_k x_k + \Theta_{12} x_1 x_2 + \Theta_{13} x_1 x_3 + \cdots + \Theta_{12\ldots k} x_1 x_2 \cdots x_k \tag{3.6}$$

zu schätzen.

Jetzt wird untersucht, welche spezielle Gestalt die Schätzungen der Regressionskoeffizienten nach der MKQ bei Verwendung eines VFV 2^k annehmen. Dabei soll von der entsprechend (1.2) zu bildenden formalen linearen Darstellung von (3.6) ausgegangen werden. Für einen VFV 2^k gelten die Beziehungen

$$\sum_{j=1}^{n} f_i(\boldsymbol{x}_j)\, f_l(\boldsymbol{x}_j) = 0, \quad i \neq l;\ i, l = 1, \ldots, r, \tag{3.7}$$

$$\sum_{j=1}^{n} f_i(\boldsymbol{x}_j) = 0, \quad i = 2, 3, \ldots, r, \tag{3.8}$$

$$\sum_{j=1}^{n} [f_i(\boldsymbol{x}_j)]^2 = n, \quad i = 1, 2, \ldots, r. \tag{3.9}$$

Aus (3.8) und (3.9) erhält man, daß die Stufen der einzelnen Faktoren eines VFV (bei der Wahl der Bereiche $V = H$ gemäß (3.2)) diejenige Gestalt besitzen, die in Abschnitt 1.4. als standardisiert bezeichnet wurde.

Aus (3.7) folgt die paarweise Orthogonalität der Spaltenvektoren der Matrix $\boldsymbol{F}$. Damit sind die VFV 2^k orthogonale Versuchspläne. Gleichung (3.8) beschreibt die symmetrische Anordnung der Versuchspunkte in allen unabhängigen Variablen bezüglich des Zentrums $(x_1, \ldots, x_k)' = (0, \ldots, 0)'$ des Versuchsbereiches, und nach (3.9) erhält man die gleichen Quadratsummen für die Elemente der einzelnen Spalten von $\boldsymbol{F}$.

Die Matrix $\boldsymbol{F}'\boldsymbol{F}$ ist nach (3.7) eine Diagonalmatrix, in der gemäß (3.9) alle Diagonalelemente gleich der Versuchsanzahl n sind. Damit ergibt sich für $(\boldsymbol{F}'\boldsymbol{F})^{-1}$ eine Diagonalmatrix mit identischen Diagonalelementen $1/n$. Setzt man nun in (1.15) und (1.20) ein, erhält man folgende einfache Formeln für die Schätzung der Regressionsparameter:

$$\hat{\Theta}_i = \frac{\sum_{j=1}^{n} f_i(\boldsymbol{x}_j)\, Y_j}{n} \qquad (i = 1, \ldots, r), \tag{3.10}$$

$$D^2\hat{\Theta}_i = \frac{\sigma^2}{n} \qquad (i = 1, \ldots, r), \tag{3.11}$$

$$\operatorname{cov}(\hat{\Theta}_i, \hat{\Theta}_l) = 0 \qquad (i \neq l;\, i, l = 1, \ldots, r). \tag{3.12}$$

Die Berechnung von $\hat{\Theta}_i$ nach (3.10) ist sehr einfach, da die $f_i(\boldsymbol{x}_j)$ nur die Werte -1 und $+1$ annehmen. Nach (3.12) sind die Schätzungen der Regressionskoeffizienten unkorreliert. Wenn die Normalverteiltheit der Beobachtungen vorausgesetzt werden kann, sind die Schätzungen folglich sogar unabhängig.

Abschließend soll kurz auf VFV für Polynomansätze d-ten Grades ($d \geqq 2$) eingegangen werden. Um alle $\binom{k+d}{d}$ Koeffizienten eines solchen Ansatzes zu schätzen, könnte man einen VFV vom Typ $(d+1)^k$ verwenden. Ein solcher Versuchsplan enthält alle $(d+1)^k$ möglichen Kombinationen der $d + 1$ Stufen der k Faktoren. Für einen Polynomansatz 2. Grades entspricht das einem faktoriellen Versuchsplan vom Typ 3^k. Solche Pläne erweisen sich aber meist auf Grund ihrer hohen Versuchsanzahl als praktisch unvertretbar. Außerdem besitzt der VFV 3^k nicht solche guten statistischen Charakteristiken wie der VFV 2^k. Praktisch oft benutzte Versuchspläne 2. Ordnung werden in Abschnitt 3.4. behandelt.

3.3.3. Teilweise faktorielle Versuchspläne vom Typ 2^{k-p}

Auf der Basis eines VFV 2^k ist es möglich, 2^k Koeffizienten zu schätzen: das Absolutglied Θ_0, alle Hauptwirkungen $\Theta_1, \ldots, \Theta_k$ sowie alle zwei- und mehrfaktoriellen Wechselwirkungen $\Theta_{12}, \ldots, \Theta_{k-1,k}, \Theta_{123}, \ldots, \Theta_{12\ldots k}$.

Wenn man sich auf einen Polynomansatz 1. Grades (also ohne Wechselwirkungen) beschränken kann, besitzt der VFV 2^k (vor allem bei großem k) eine im Vergleich zur Anzahl der zu schätzenden Koeffizienten weit größere Anzahl von Versuchen. Bei linearem Anwachsen der Zahl der Faktoren wächst die Versuchsanzahl wie 2^k. Bei $k = 2$ bleibt 1 Freiheitsgrad für den Test der Adäquatheit übrig, bei $k = 7$ stehen dafür bereits $2^7 - 8 = 120$ Freiheitsgrade zur Verfügung. Die Varianz der Koeffizientenschätzungen verkleinert sich dadurch zwar erheblich, aber das rechtfertigt praktisch nur selten die mit n wachsenden Kosten für die Versuchsdurchführung.

Bei zahlreichen Problemen kann man auf Grund theoretischer Überlegungen oder praktischer Erfahrungen annehmen, daß alle bzw. einige Wechselwirkungen gleich Null sind. Außerdem läßt sich bei industriellen Versuchen meist eine kleine Varianz σ^2 des Versuchsfehlers voraussetzen. In solchen Fällen ist es möglich, die Anzahl der Versuche durch Verwendung sogenannter *teilweiser faktorieller Versuchspläne* (abgekürzt durch *TFV*) erheblich zu senken. In der Literatur werden die TFV auch als teilweise Wiederholungen eines VFV bezeichnet. Ein TFV enthält nicht alle Versuchspunkte eines VFV, sondern nur einen gewissen, präzis noch zu bestimmenden Teil davon. Diese Versuchspläne haben praktisch breite Anwendung gefunden.

Angenommen, die Koeffizienten des Polynomansatzes 1. Grades

$$\hat{\eta} = \Theta_0 x_0 + \Theta_1 x_1 + \Theta_2 x_2 + \Theta_3 x_3 \qquad (3.13)$$

seien zu schätzen. Bei Verwendung eines VFV 2^3 würde man acht Versuche für die Schätzung der vier Koeffizienten benötigen. Der Ansatz (3.13) drückt die Annahme aus, daß alle Wechselwirkungen — also auch Θ_{12} — gleich Null sind. Wenn man den VFV 2^2 nach Tabelle 3.1 durchführen und dabei x_3 fest wählen würde, erhielte man eine Schätzung für Θ_{12}, die nach dieser Annahme nur zufällig von Null abweicht. Das kann ausgenutzt werden zur Konstruktion eines Versuchsplanes mit vier Versuchen für die Schätzung der vier Koeffizienten aus (3.13). Geht man vom VFV 2^2 aus und setzt in Tabelle 3.1 das Produkt x_1x_2 der unabhängigen Variablen x_3 gleich, d. h., stellt man den Faktor x_3 in den einzelnen Versuchen gerade auf die Stufen in der Spalte für x_1x_2 ein, erhält man (außer den Schätzungen für Θ_0, Θ_1 und Θ_2) eine Schätzung für Θ_3.

Tabelle 3.3
TFV 2^{3-1} mit der definierenden Beziehung $I = x_1x_2x_3$
(Schema für die Auswertung)

Versuch Nr.	Matrix F	V_4			Codierung	Vektor der Beobachtungen $\mathfrak{y}$
	x_0	x_1	x_2	$x_3(=x_1x_2)$		
1	+	−	−	+	c	y_1
2	+	+	−	−	a	y_2
3	+	−	+	−	b	y_3
4	+	+	+	+	abc	y_4

Durch entsprechende Überlegungen wie in Abschnitt 3.3.2. folgt, daß die Schätzung der Koeffizienten aus (3.13) auf der Grundlage des Versuchsplanes in Tabelle 3.3 ebenfalls nach Formel (3.10) vorgenommen werden kann und entsprechend (3.11) und (3.12) gelten. Für die Schätzung der vier Koeffizienten wird hier nur noch die Hälfte der acht Versuche des VFV 2^3 benötigt. Man spricht deshalb von einer *halben Wiederholung* des VFV 2^3.

Da die zum Ansatz (3.13) führende Annahme des Verschwindens aller Wechselwirkungen aber auch falsch sein kann, ist zu beachten, daß die gefundene Schätzung $\hat{\Theta}_3'$ für Θ_3 sich als Schätzung der Summe $\Theta_3 + \Theta_{12}$ erweist. Würde man nämlich in Tabelle 3.3 eine Spalte für das Produkt x_1x_2 anfügen, wäre diese identisch mit der Spalte für x_3. Man spricht deshalb vom *Vermengen* der Schätzungen von Θ_3 und Θ_{12} und schreibt:

$$\hat{\Theta}_3' \to \Theta_3 + \Theta_{12}.$$

Aus Tabelle 3.3 kann man ersehen, daß auch andere Schätzungen vermengt sind.

Im folgenden wird eine für beliebige TFV anwendbare Methode behandelt, mit der alle auftretenden Vermengungen der Schätzungen feststellbar sind.[1]) In Tabelle 3.3 wurde x_3 mit x_1x_2 gleichgesetzt. Von dieser Gleichung

$$x_3 = x_1x_2 \tag{3.14}$$

geht man aus. Die erste Spalte der Matrix $\boldsymbol{F}$ (alle Elemente gleich $+1$) wird mit I bezeichnet. Multipliziert man die Elemente einer beliebigen Spalte von $\boldsymbol{F}$ — etwa Spalte x_3 — mit sich selbst, so erhält man eine Spalte mit Elementen $+1$, also I: $x_3^2 = I$. Durch Multiplikation von (3.14) auf beiden Seiten mit x_3 folgt damit

$$I = x_1x_2x_3. \tag{3.15}$$

[1]) Einen tieferen theoretischen Einblick in die Struktur der Vermengungen kann man durch gruppentheoretische Untersuchungen gewinnen, worauf u. a. in FINNEY [1] und DAVIES [1] eingegangen wird.

Die rechte Seite von (3.15) wird *Generator* des Versuchsplanes und (3.15) selbst *definierende Beziehung* genannt. Von ihr ausgehend, kann man alle vermengten Schätzungen ermitteln. Man muß (3.15) dazu auf beiden Seiten mit x_1, x_2 bzw. x_3 multiplizieren:

$$x_1 = x_2 x_3$$
$$x_2 = x_1 x_3$$
$$x_3 = x_1 x_2 .$$

Aus diesen Gleichungen folgen sofort die vermengten Schätzungen:

$$\hat{\Theta}_1' \to \Theta_1 + \Theta_{23}$$
$$\hat{\Theta}_2' \to \Theta_2 + \Theta_{13}$$
$$\hat{\Theta}_3' \to \Theta_3 + \Theta_{12} .$$

Aus (3.15) leitet man ab:

$$\hat{\Theta}_0' \to \Theta_0 + \Theta_{123} .$$

Wenn die zum Ansatz (3.13) führende Annahme des Fehlens aller Wechselwirkungen richtig ist, dann sind $\hat{\Theta}_0'$, $\hat{\Theta}_1'$, $\hat{\Theta}_2'$ bzw. $\hat{\Theta}_3'$ Schätzungen für Θ_0, Θ_1, Θ_2 bzw. Θ_3.

Bei der Bezeichnung TFV vom Typ 2^{3-1} (oder kurz TFV 2^{3-1}) für den in Tabelle 3.3 angegebenen Versuchsplan setzt sich der Exponent aus der Anzahl der Faktoren vermindert um die Anzahl der Generatoren zusammen. Der Typ gibt die Versuchsanzahl des TFV an.

Im eben behandelten Beispiel wurde ausgehend vom VFV 2^2 durch $x_3 = x_1 x_2$ der dritte Faktor eingeführt. Natürlich kann man auch von

$$x_3 = -x_1 x_2$$

ausgehen und so den TFV 2^{3-1} in Tabelle 3.4 aufbauen. Da sich die Generatoren der beiden TFV 2^{3-1} nur durch das Vorzeichen unterscheiden, nennt man den Plan aus Tabelle 3.4 den zum Plan aus Tabelle 3.3 *alternativen* TFV 2^{3-1}.

Tabelle 3.4
TFV 2^{3-1} mit der definierenden Beziehung $I = -x_1x_2x_3$
(Schema für die Auswertung)

Versuch Nr.	Matrix F				Codierung	Vektor der Beobachtungen $\mathfrak{y}$
	x_0	V_4: x_1	x_2	$x_3(= -x_1x_2)$		
1	+	−	−	−	(1)	y_1
2	+	+	−	+	ac	y_2
3	+	−	+	+	bc	y_3
4	+	+	+	−	ab	y_4

Aus der definierenden Beziehung $I = -x_1x_2x_3$ kann man wieder die vermengten Schätzungen ableiten:

$$\hat{\Theta}_0'' \to \Theta_0 - \Theta_{123}$$
$$\hat{\Theta}_1'' \to \Theta_1 - \Theta_{23}$$
$$\hat{\Theta}_2'' \to \Theta_2 - \Theta_{13}$$
$$\hat{\Theta}_3'' \to \Theta_3 - \Theta_{12}.$$

Erhält man bei einem praktischen Problem nach Durchführung der vier Versuche aus Tabelle 3.3 Schätzungen, die mit den zum Ansatz (3.13) führenden Vorstellungen nicht übereinstimmen, so war die Annahme vermutlich falsch, d. h. nicht alle Wechselwirkungen verschwinden. Man führt deshalb die vier Versuche des alternativen TFV 2^{3-1} nach Tabelle 3.4 durch und kann nun alle acht Koeffizienten aus Ansatz (3.5) unvermengt schätzen:

$$\hat{\Theta}_1 = \frac{\hat{\Theta}_1' + \hat{\Theta}_1''}{2}$$

$$\hat{\Theta}_{12} = \frac{\hat{\Theta}_3' - \hat{\Theta}_3''}{2} \quad \text{usw.}$$

Dieses Vorgehen zeigt deutlich, daß in diesem Kapitel nicht von festen Regressionsansätzen ausgegangen wird, sondern daß der Ansatz dem praktischen Problem angepaßt wird.

Faßt man die beiden alternativen halben Wiederholungen des VFV 2^3, d. h. die TFV 2^{3-1}, aus den Tabellen 3.3 und 3.4 zusammen, erhält man den VFV 2^3.

Entsprechend geht man bei einem Versuchsplan vor, der vier Faktoren einschließt. Ausgehend vom VFV 2^3 in Tabelle 3.2 führt man durch $x_4 = x_1x_2x_3$ bzw. $x_4 = -x_1x_2x_3$ den vierten Faktor ein und bildet die definierende Beziehung $I = x_1x_2x_3x_4$ bzw. $I = -x_1x_2x_3x_4$. Die beiden alternativen halben Wiederholungen des VFV 2^4, d. h. die TFV 2^{4-1}, ergeben sich in der Codierung als

$$(1), ad, bd, ab, cd, ac, bc, abcd \text{ bzw.}$$
$$d, a, b, abd, c, acd, bcd, abc.$$

Die beiden alternativen TFV 2^{4-1} liefern zusammen wieder den VFV 2^4. Die Vermengungen leitet man aus der jeweiligen definierenden Beziehung ab.

Natürlich kann jeder Faktor bzw. jedes Produkt von Faktoren dem neu hinzukommenden Faktor gleichgesetzt werden, um einen VFV 2^4 in zwei halbe Wiederholungen aufzuspalten. So kann man zwei andere alternative TFV 2^{4-1} dadurch erhalten, daß man etwa $x_4 = x_1x_3$ bzw. $x_4 = -x_1x_3$ setzt.

Im allgemeinen geht man davon aus, daß die Wechselwirkungen mit wachsender Ordnung erfahrungsgemäß immer weniger von Null abweichen. Da man bestrebt ist, die Schätzungen möglichst aller wesentlichen Koeffizienten gerade mit Schätzungen unwesentlicher Koeffizienten zu vermengen, wählt man deshalb die Wechselwirkung höchster Ordnung als Generator aus (d. h. $I = \pm x_1x_2 \dots x_k$).

Bei Verwendung von TFV 2^{3-1} mit $I = \pm x_1x_2x_3$ waren die Schätzungen der Hauptwirkungen untereinander nicht vermengt, aber mit denen der zweifaktoriellen Wechselwirkungen. Schon bei den TFV 2^{4-1} mit $I = \pm x_1x_2x_3x_4$ sind die Schätzungen der Hauptwirkungen weder untereinander noch mit denen der zweifaktoriellen Wechselwirkungen vermengt. Dafür erweisen sich aber die Schätzungen der zweifaktoriellen Wechselwirkungen als untereinander vermengt. Bei den TFV 2^{5-1} mit $I = \pm x_1 x_2 x_3 x_4 x_5$ schließlich sind die Schätzungen der Haupt- und zweifaktoriellen Wechselwirkungen mit keiner Haupt- oder zweifaktoriellen Wechselwirkung vermengt, die der zweifaktoriellen aber mit denen der dreifaktoriellen Wechselwirkungen.

Für $k > 5$ sind halbe Wiederholungen von VFV 2^k oft schon wieder praktisch zu umfangreich, zu kostspielig. Viele der 2^{k-1} unkorrelierten Schätzungen stellen sich als vermengte Schätzungen von nur (oft unwesentlichen) Wechselwirkungen höherer Ordnung heraus. Man geht deshalb zu kleineren Teilen der VFV 2^k, zu TFV 2^{k-p}, über.

Solche Versuchspläne bilden den $(1/2^p)$-ten Teil des VFV 2^k und besitzen p verschiedene Generatoren. Diese sind die rechten Seiten der p *erzeugenden Beziehungen* $I = x_r x_s \cdots x_t$. Die definierende Beziehung enthält dann die p Generatoren und alle $2^p - (p + 1)$ möglichen Produkte dieser Generatoren (vgl. Beispiel S. 101ff.). Bei den TFV 2^{k-1} galt $p = 1$, und die definierende Beziehung stimmte mit der erzeugenden Beziehung überein.

Zusammenfassend kann gesagt werden: die TFV 2^{k-p} $(p \geqq 1)$ sind orthogonale Versuchspläne, bei denen man die Versuchsanzahl gegenüber VFV 2^k verringert durch Vermengen der Schätzungen gewisser Wechselwirkungen höherer Ordnung (die man als unwesentlich annimmt) mit den Schätzungen gewisser neu hinzukommender Haupt- bzw. Wechselwirkungen. Je nach Typ des TFV 2^{k-p} erweisen sich alle oder nur einige der unkorrelierten Schätzungen als vermengte Schätzungen bestimmter Koeffizienten. Entsprechende Überlegungen wie in Abschnitt 3.3.2. ergeben, daß die Formeln (3.10) bis (3.12) und alle daraus abgeleiteten Folgerungen ebenso für TFV 2^{k-p} $(p \geqq 1)$ wie für VFV 2^k Gültigkeit besitzen.

Einen TFV 2^{k-p} $(p \geqq 1)$ nennt man einen *regulären* TFV im Gegensatz zu *nichtregulären* TFV, deren Versuchsanzahl nicht als eine Zweierpotenz 2^{k-p} dargestellt werden kann. Eine Zusammenfassung von Arbeiten über nichtreguläre TFV ist in NALIMOV [1], Abschnitt 4., zu finden.

Besondere praktische Bedeutung für Polynomansätze 1. Grades haben auf Grund ihrer geringen Versuchsanzahl Pläne für die Untersuchung von $k = n - 1$ unabhängigen Variablen in n Versuchen, also *gesättigte* Versuchspläne, gewonnen.

Als Beispiel soll ein gesättigter Versuchsplan für $k = n - 1 = 7$ behandelt werden. Der VFV 2^7 umfaßt $n = 2^7$ Versuche. Folglich wird ein TFV 2^{7-4} mit $n = 2^{7-4} = 2^3 = 8$ Versuchen gesucht. Bei der Konstruktion eines TFV 2^{k-p}, also mit $2^{k-p} = 2^l$ Versuchen, geht man stets von einem VFV 2^l aus, im behandelten Beispiel vom VFV 2^3 (Tabelle 3.2). Die $p = 4$ hinzukommenden Faktoren werden den vier Wechselwirkungen mit geeigneten Vorzeichen gleichgesetzt, z. B.

$$x_4 = x_1x_2, \quad x_5 = x_1x_3, \quad x_6 = x_2x_3, \quad x_7 = x_1x_2x_3. \tag{3.16}$$

Der daraus erhaltene TFV 2^{7-4} ist in Tabelle 3.5 angegeben (vgl. Tabelle 3.2).

Tabelle 3.5

TFV 2^{7-4} mit den erzeugenden Beziehungen (3.17) (Schema für die Auswertung)

Versuch Nr.	Matrix F								Codierung	Vektor der Beobachtungen $\mathfrak{y}$
	V_8									
	x_0	x_1	x_2	x_3	$x_4(= x_1x_2)$	$x_5(= x_1x_3)$	$x_6(= x_2x_3)$	$x_7(= x_1x_2x_3)$		
1	+	−	−	−	+	+	+	−	*def*	y_1
2	+	+	−	−	−	−	+	+	*afg*	y_2
3	+	−	+	−	−	+	−	+	*beg*	y_3
4	+	+	+	−	+	−	−	−	*abd*	y_4
5	+	−	−	+	+	−	−	+	*cdg*	y_5
6	+	+	−	+	−	+	−	−	*ace*	y_6
7	+	−	+	+	−	−	+	−	*bcf*	y_7
8	+	+	+	+	+	+	+	+	*abcdefg*	y_8

Aus (3.16) leitet man die erzeugenden Beziehungen

$$I = x_1x_2x_4,\ I = x_1x_3x_5,\ I = x_2x_3x_6,\ I = x_1x_2x_3x_7 \quad (3.17)$$

ab, deren rechte Seiten die $p = 4$ Generatoren darstellen. Nun gilt etwa mit $I = x_1x_3x_5$ und $I = x_2x_3x_6$ auch $I = (x_1x_3x_5) \cdot (x_2x_3x_6) = x_1x_2x_3^2x_5x_6 = x_1x_2x_5x_6$. Daraus folgt zum Beispiel, daß die Schätzungen von Θ_{12} und Θ_{56} vermengt sind. Um alle Vermengungen aufdecken zu können, muß die definierende Beziehung also auch alle möglichen Produkte der Generatoren miteinander enthalten. Durch paarweise Multiplikation der Generatoren erhält man

$$\begin{aligned} I &= x_2x_3x_4x_5 = x_1x_3x_4x_6 = x_3x_4x_7 = x_1x_2x_5x_6 \\ &= x_2x_5x_7 = x_1x_6x_7, \end{aligned} \quad (3.18)$$

durch Multiplikation von je drei Generatoren

$$I = x_4x_5x_6 = x_1x_4x_5x_7 = x_2x_4x_6x_7 = x_3x_5x_6x_7 \quad (3.19)$$

und durch Multiplikation aller vier Generatoren

$$I = x_1x_2x_3x_4x_5x_6x_7. \quad (3.20)$$

Nach (3.17) bis (3.20) lautet dann die vollständige definierende Beziehung dieses TFV 2^{7-4}:

$$\left.\begin{aligned} I &= x_1x_2x_4 = x_1x_3x_5 = x_2x_3x_6 \\ &= x_1x_2x_3x_7 = x_2x_3x_4x_5 = x_1x_3x_4x_6 = x_3x_4x_7 \\ &= x_1x_2x_5x_6 = x_2x_5x_7 = x_1x_6x_7 \\ &= x_4x_5x_6 = x_1x_4x_5x_7 = x_2x_4x_6x_7 = x_3x_5x_6x_7 \\ &= x_1x_2x_3x_4x_5x_6x_7. \end{aligned}\right\} \quad (3.21)$$

Um die einzelnen Vermengungen bestimmen zu können, wird (3.21) mit dem entsprechenden Faktor bzw. Produkt von Faktoren multipliziert. Wählt man z. B. x_1

aus, erhält man:

$$\begin{aligned} x_1 &= x_2x_4 = x_3x_5 = x_1x_2x_3x_6 \\ &= x_2x_3x_7 = x_1x_2x_3x_4x_5 = x_3x_4x_6 = x_1x_3x_4x_7 \\ &= x_2x_5x_6 = x_1x_2x_5x_7 = x_6x_7 \\ &= x_1x_4x_5x_6 = x_4x_5x_7 = x_1x_2x_4x_6x_7 = x_1x_3x_5x_6x_7 \\ &= x_2x_3x_4x_5x_6x_7\,. \end{aligned}$$

Folglich ist die Schätzung von Θ_1 mit den Schätzungen von Θ_{24}, Θ_{35}, Θ_{1236} usw. vermengt. In entsprechender Weise erhält man alle anderen Vermengungen, wobei in (3.22) nur die Vermengungen der Hauptwirkungen mit den zweifaktoriellen Wechselwirkungen angegeben sind:

$$\left.\begin{aligned} \hat\Theta_0 &\to \Theta_0 \\ \hat\Theta_1 &\to \Theta_1 + \Theta_{24} + \Theta_{35} + \Theta_{67} \\ \hat\Theta_2 &\to \Theta_2 + \Theta_{14} + \Theta_{36} + \Theta_{57} \\ \hat\Theta_3 &\to \Theta_3 + \Theta_{15} + \Theta_{26} + \Theta_{47} \\ \hat\Theta_4 &\to \Theta_4 + \Theta_{12} + \Theta_{56} + \Theta_{37} \\ \hat\Theta_5 &\to \Theta_5 + \Theta_{13} + \Theta_{46} + \Theta_{27} \\ \hat\Theta_6 &\to \Theta_6 + \Theta_{23} + \Theta_{45} + \Theta_{17} \\ \hat\Theta_7 &\to \Theta_7 + \Theta_{34} + \Theta_{25} + \Theta_{16}\,. \end{aligned}\right\} \quad . \tag{3.22}$$

Sollen die Hauptwirkungen unvermengt mit den zweifaktoriellen Wechselwirkungen geschätzt werden, muß man noch die acht Versuche eines anderen speziellen TFV 2^{7-4} durchführen. Als erzeugende Beziehungen werden

$$\begin{aligned} I &= -x_1x_2x_4 \\ I &= -x_1x_3x_5 \\ I &= -x_2x_3x_6 \\ I &= x_1x_2x_3x_7 \end{aligned}$$

gewählt.

Jetzt besitzen in der definierenden Beziehung alle Produkte von drei verschiedenen Faktoren das negative

Vorzeichen, und damit haben in dem wie (3.22) abgeleiteten System der vermengten Schätzungen alle zweifaktoriellen Wechselwirkungen ebenfalls das negative Vorzeichen. Durch Bilden des Mittelwertes aus je zwei entsprechenden Schätzungen erhält man Schätzungen der Hauptwirkungen, die mit denen der zweifaktoriellen Wechselwirkungen unvermengt sind.

Neben diesen beiden Versuchsplänen gibt es noch andere vom Typ 2^{7-4}. Im ganzen kann man $2^4 = 16$ solche Pläne aufstellen entsprechend den 2^4 möglichen verschiedenen Variationen der Vorzeichen der Generatoren $\pm x_1x_2x_4$, $\pm x_1x_3x_5$, $\pm x_2x_3x_6$ und $\pm x_1x_2x_3x_7$ in den erzeugenden Beziehungen. Man sagt, diese $2^p = 2^4$ Versuchspläne vom Typ 2^{7-4} bilden eine *Familie* von TFV 2^{7-4}. Der Hauptvertreter dieser Familie ist der TFV 2^{7-4}, der entsteht, wenn man bei allen Generatoren das positive Vorzeichen verwendet (Hauptgeneratoren).

Gesättigte orthogonale Versuchspläne für den Versuchsbereich (3.2) kann man aufstellen, wenn n ein Vielfaches von 4 ist. Ist n als Zweierpotenz darstellbar, handelt es sich um reguläre TFV 2^{k-p}. Solche Versuchspläne wurden für $k = 3$ ($n = 4$) in Tabelle 3.3 bzw. 3.4 und für $k = 7$ ($n = 8$) in Tabelle 3.5 bereits angegeben. Für $k = 15$ ($n = 16$) muß man einen TFV 2^{15-11} und für $k = 31$ ($n = 32$) einen TFV 2^{31-26} aufbauen. Für Werte von n, die durch 4 teilbar, aber nicht als Zweierpotenz darstellbar sind, bildet man gewisse nichtreguläre TFV. In PLACKETT/BURMAN [1] werden alle gesättigten Pläne von $n = 4$ bis 100 (außer $n = 92$) angegeben. Einige praktisch wichtige Pläne sind in Tabelle 3.6 zu finden.

Die entsprechende Matrix $\boldsymbol{F}$ erhält man aus Tabelle 3.6 in einfacher Weise. In die zweite Spalte von $\boldsymbol{F}$ schreibt man die Zeichen der entsprechenden Zeile aus Tabelle 3.6. Die dritte Spalte wird gebildet, indem die Elemente der zweiten Spalte um eine Stelle nach unten verschoben werden und das letzte Zeichen an die erste Stelle geschrieben wird. Dieses Vorgehen wird beim Aufstellen der vierten Spalte wiederholt: Man verschiebt die Ele-

Tabelle 3.6
Gesättigte orthogonale Versuchspläne für k = 11, 15, 19, 23, 35

$k = 11$	$n = 12$	+ + − + + + − − − + −
$k = 15$	$n = 16$	+ + + + − + − + + − − + − − −
$k = 19$	$n = 20$	+ + − − + + + + − + − + − − − − + + −
$k = 23$	$n = 24$	+ + + + + − + − + + − − + + − − + − + − − − −
$k = 35$	$n = 36$	− + − + + + − − − + + + + + − + + + − − + − − − − + − + − + + − − + −

mente der dritten Spalte um eine Stelle nach unten und zieht das letzte Zeichen auf die erste Stelle vor usw. bis zur $(k+1)$-ten Spalte. Dann fügt man noch eine n-te Zeile hinzu, die nur negative Vorzeichen enthält. Die erste Spalte schließlich enthält nur positive Vorzeichen. Für $k = 11$ folgt damit (nach Box/Hunter [2]):

Tabelle 3.7
Gesättigter orthogonaler Versuchsplan für $k = 11$
(Schema für die Auswertung)

Versuch Nr.	Matrix $\boldsymbol{F}$												Vektor der Beobachtungen $\mathfrak{y}$
		V_{12}											
	x_0	x_1	x_2	x_3	x_4	x_5	x_6	x_7	x_8	x_9	x_{10}	x_{11}	
1	+	+	−	+	−	−	−	+	+	+	−	+	y_1
2	+	+	+	−	+	−	−	−	+	+	+	−	y_2
3	+	−	+	+	−	+	−	−	−	+	+	+	y_3
4	+	+	−	+	+	−	+	−	−	−	+	+	y_4
5	+	+	+	−	+	+	−	+	−	−	−	+	y_5
6	+	+	+	+	−	+	+	−	+	−	−	−	y_6
7	+	−	+	+	+	−	+	+	−	+	−	−	y_7
8	+	−	−	+	+	+	−	+	+	−	+	−	y_8
9	+	−	−	−	+	+	+	−	+	+	−	+	y_9
10	+	+	−	−	−	+	+	+	−	+	+	−	y_{10}
11	+	−	+	−	−	−	+	+	+	−	+	+	y_{11}
12	+	−	−	−	−	−	−	−	−	−	−	−	y_{12}

Bei der Verwendung eines gesättigten Versuchsplanes 1. Ordnung bleibt kein Freiheitsgrad für den Test der Adäquatheit des gewählten Polynomansatzes 1. Grades gemäß Abschnitt 3.3.2. übrig. Im folgenden werden normalverteilte Beobachtungen vorausgesetzt, und aus vorangegangenen Versuchen soll ein Schätzwert s^2 für σ^2 bekannt sein. Man nutzt nun aus, daß die Schätzung $\hat{\Theta}_0$, die man nach (3.10) durch

$$\frac{\sum_{j=1}^{n} y_j}{n} = \bar{y}$$

erhält, eine vermengte Schätzung der Form

$$\hat{\Theta}_0 \to \Theta_0 + \sum_{i=1}^{k} \Theta_{ii}$$

ist. Fügt man an die Tabelle der Versuchsplanung nämlich z. B. eine Spalte für x_1^2 an, so stimmen die Elemente dieser Spalte mit denen der Spalte für x_0 überein. Man führt nun n_0 zusätzliche Versuche im Zentrum des Versuchsbereiches, d. h. im Punkt $(x_1, \ldots, x_k)' = (0, \ldots, 0)'$, durch und erhält aus dem Mittelwert $\overline{Y}_0$ dieser Meßwerte eine unvermengte Schätzung: $\overline{Y}_0 \to \Theta_0$. Damit gilt: $\overline{Y} - \overline{Y}_0 \to \sum_{i=1}^{k} \Theta_{ii}$. Mit dem bekannten t-Test läßt sich nun die (Null-) Hypothese H_0: $\sum_{i=1}^{k} \Theta_{ii} = 0$ prüfen. Erweist sich $\bar{y} - \bar{y}_0$ als signifikant größer als Null, so muß H_0 abgelehnt werden. Daraus folgt die Nichtadäquatheit des Polynomansatzes 1. Grades, und man geht zu einem Polynomansatz 2. Grades über. Wenn ein Schätzwert s^2 vorliegt und die Beobachtungen normalverteilt sind, läßt sich der t-Test auch verwenden, um zu prüfen, ob die einzelnen erhaltenen Koeffizientenschätzungen signifikant von Null abweichen.

3.3.4. Orthogonalität und Drehbarkeit der VFV 2^k bzw. TFV 2^{k-p} und Optimalitätseigenschaften dieser Versuchspläne

Es wurde bereits festgestellt, daß (3.10) bis (3.12) und die daraus in Abschnitt 3.3.2. gezogenen Schlußfolgerungen sowohl für VFV 2^k als auch für TFV 2^{k-p} gültig sind. Bei beiden Arten von Versuchsplänen erwies sich die Matrix $\boldsymbol{F}'\boldsymbol{F}$ als Diagonalmatrix, so daß es sich um *orthogonale* Versuchspläne handelt. Dieses algebraische Kriterium der Orthogonalität von Versuchsplänen sagt zunächst nichts über eventuelle Optimalitätseigenschaften der Varianz der Schätzung der Regressionskoeffizienten aus. Der folgende Satz von Box, dessen Beweis in Box [1] zu finden ist und auch in Nalimov/Černova [1] sowie

Nalimov [1] (Artikel 3.) angegeben wird, gibt darüber Auskunft.

Im weiteren werden in diesem Abschnitt nur noch Polynomansätze 1. Grades betrachtet. Versuchspläne dafür nennt man nach Abschnitt 3.1. Versuchspläne 1. Ordnung.

Satz 3.1 (Box): *Die Wirkungsfläche sei über H durch einen Polynomansatz 1. Grades*

$$\tilde{\eta}(\boldsymbol{x}, \boldsymbol{\Theta}) = \Theta_0 x_0 + \Theta_1 x_1 + \cdots + \Theta_k x_k \tag{3.23}$$

beschreibbar. Die Matrix $\boldsymbol{F}$ *habe den Rang* $k + 1 = r$, *und es gelten die Beziehungen* (3.8) *und* (3.9). *Unter diesen Voraussetzungen ist die paarweise Orthogonalität der Spalten von* $\boldsymbol{F}$ *eine notwendige und hinreichende Bedingung dafür, daß die Schätzungen* $\hat{\Theta}_i$ $(i = 0, 1, \ldots, k)$ *der Regressionskoeffizienten aus* (3.23) *minimale Varianz besitzen.*

Die VFV 2^k und die TFV 2^{k-p} sind die praktisch wichtigsten orthogonalen Versuchspläne 1. Ordnung. Da für sie alle Voraussetzungen des Satzes von Box erfüllt sind, werden durch (3.10) alle Regressionskoeffizienten aus (3.23) mit (derselben) minimalen Varianz

$$D^2\hat{\Theta}_i = \frac{\sigma^2}{n} \quad (i = 0, \ldots, k)$$

geschätzt. Anders gesagt, nehmen die Diagonalelemente der Diagonalmatrix $\sigma^2(\boldsymbol{F}'\boldsymbol{F})^{-1}$ für VFV 2^k bzw. TFV 2^{k-p} ihre minimalen Werte (im Falle $n = 2^k$ bzw. 2^{k-p}) an. Da $(\boldsymbol{F}'\boldsymbol{F})^{-1} = \frac{1}{n}\boldsymbol{E}_{k+1}$ ist, gilt nach Abschnitt 2.1.4., daß die VFV 2^k und die TFV 2^{k-p} D-, G-, A- und E-optimal sind.

Nun soll die Varianz $D^2\hat{Y}(\boldsymbol{x})$ der geschätzten Werte der Wirkungsfläche betrachtet werden. Durch Einsetzen der Schätzungen in (3.23) erhält man

$$\hat{Y}(\boldsymbol{x}) = \hat{\Theta}_0 x_0 + \hat{\Theta}_1 x_1 + \cdots + \hat{\Theta}_k x_k .$$

Unter Beachtung von (3.11) und (3.12) folgt

$$D^2\hat{Y} = \frac{\sigma^2}{n}(1 + \varrho^2) \quad \text{mit} \quad \varrho^2 = \sum_{i=1}^{k} x_i^2 .$$

Die Varianz der geschätzten Werte für die Wirkungsfläche hängt damit nur vom Abstand ϱ vom Koordinatenursprung, vom Zentrum des Versuchsbereiches ab. Ein Versuchsplan mit dieser Eigenschaft wurde in Abschnitt 1.4.2. drehbar genannt. Die orthogonalen VFV 2^k und TFV 2^{k-p} sind folglich auch *drehbare* Versuchspläne.

Zu den Optimalitätseigenschaften und der algebraischen Struktur der VFV 2^k und TFV 2^{k-p} läßt sich zusammenfassend sagen: Mit diesen orthogonalen Versuchsplänen 1. Ordnung erhält man nach (3.10) unkorrelierte Schätzungen mit (derselben) minimalen Varianz für alle Regressionskoeffizienten. Es sind drehbare und D-, G-, A- sowie E-optimale Pläne. Außerdem erweisen sich die auszuführenden Berechnungen als sehr einfach, was praktisch wichtig ist.

Ausgehend von dem in diesem Abschnitt angegebenen Satz erhob Box die Orthogonalität der Spalten von $\boldsymbol{F}$ zur wichtigsten Eigenschaft für Versuchspläne 1. Ordnung, da diese Pläne die Forderungen aus Abschnitt 3.1 weitgehend erfüllen. Am Beispiel der praktisch wichtigsten orthogonalen Versuchspläne, der VFV 2^k und der TFV 2^{k-p}, war ersichtlich, daß durch die Forderung der Orthogonalität (auch bei festem n) der zu verwendende Versuchsplan noch nicht eindeutig festgelegt ist. Die Auswahl des speziellen orthogonalen Planes ist dann in der beschriebenen Weise vom Problem abhängig.

In Abschnitt 2.1.4. wurde für einen Polynomansatz 1. Grades mit k Faktoren gezeigt, daß für diskrete G- (und D-) optimale Versuchspläne $n^{-1}\boldsymbol{F}'\boldsymbol{F} = \boldsymbol{E}_{k+1}$ gilt, daß sie also orthogonal sind. Ausgehend von dieser Gleichung wurden Methoden zur Konstruktion konkreter G- (und D-) optimaler Pläne angegeben. Bei den danach erhaltenen Versuchsplänen 1. Ordnung handelt es sich um die VFV 2^k sowie um reguläre TFV 2^{k-p} und nichtreguläre TFV. Die TFV wurden dort auf der Basis von HADAMARD-Matrizen aufgebaut. Gesättigte Versuchspläne ($n = k + 1$) entsprachen unmittelbar HADAMARD-Matrizen. Ebenso entsprechen die in Abschnitt 3.3.3. angegebenen gesättigten Pläne V_n HADAMARD-Matrizen. Im Beispiel auf Seite 58 handelt es sich bei a) um den VFV 2^2 (vgl. Tabelle 3.1), der unter b) zweimal wiederholt wird. Ausgehend von der Forderung, D- und G-optimale Pläne zu konstruieren, kann man die faktoriellen Pläne allerdings i. allg. nur für einen Polynomansatz 1. Grades erhalten. Bei Ansätzen höheren Grades erweisen sich die faktoriellen Versuchspläne i. allg. nicht als D- und G-optimal.

Entsprechend der Konzeption dieses Taschenbuches wurden faktorielle Versuchspläne nur für Modelle der Regressionsanalyse betrachtet. Prinzipiell lassen sie sich auch bei Modellen der Varianzanalyse anwenden. Hier werden in der Literatur die Hauptwirkungen meist mit $A, B, C, \ldots$ bezeichnet, die zweifaktoriellen Wechselwirkungen durch $AB, BC, \ldots$ usw. Beachtet werden muß allerdings, daß bei der Regressionsanalyse der Bezugspunkt der Berechnung der Koeffizienten das Nullniveau ist, bei der Berechnung der Wirkungen in der Varianzanalyse dagegen das untere Niveau. Damit gilt

$$\hat{\Theta}_1 = \frac{1}{2} A, \quad \hat{\Theta}_2 = \frac{1}{2} B, \ldots, \hat{\Theta}_{12} = \frac{1}{2} AB \text{ usw.}$$

Näheres ist dazu etwa in FINNEY [1] zu finden.

3.3.5. *Andere Versuchsbereiche*

Bis jetzt wurde stets der Versuchsbereich (3.2) betrachtet ($V = H$). Als *natürlichen* Versuchsbereich $V^{(0)}$ ($V^{(0)} = H^{(0)}$) bezeichnet man den Versuchsbereich, in dem die Versuchspunkte (etwa bei einem technischen

Prozeß) tatsächlich wählbar sind. Sei nun der natürliche Versuchsbereich $V^{(0)}$ ein Parallelepiped der Form $a_i \leqq x_i^{(0)} \leqq b_i$ $(i = 1, \ldots, k)$. Aus dem faktoriellen Versuchsplan V_n für den Versuchsbereich (3.2) erhält man leicht den Versuchsplan $V_n^{(0)}$ für den natürlichen Versuchsbereich $V^{(0)}$. Es sei daran erinnert, daß die Versuchspunkte $\boldsymbol{x}_1, \ldots, \boldsymbol{x}_n$ des faktoriellen Planes $V_n = (\boldsymbol{x}_1, \ldots, \boldsymbol{x}_n)$ mit $\boldsymbol{x}_j' = (x_{j1}, \ldots, x_{jk})$, $(j = 1, \ldots, n)$, gerade in den Zeilen der Untermatrix von $\boldsymbol{F}$ stehen, die von der zweiten bis $(k+1)$-ten Spalte von $\boldsymbol{F}$ gebildet wird. Das Niveau des i-ten Faktors im j-ten Versuch im natürlichen Versuchsbereich ergibt sich durch

$$\left.\begin{array}{ll} x_{ji}^{(0)} = \bar{x}_i^{(0)} + \dfrac{b_i - a_i}{2} \cdot x_{ji} & \begin{array}{l}(i = 1, \ldots, k;\\ j = 1, \ldots, n)\end{array} \\ \text{mit} & \\ \bar{x}_i^{(0)} = \dfrac{a_i + b_i}{2} & (i = 1, \ldots, k) \end{array}\right\} \quad (3.24)$$

Für $x_{ji} = -1$ bzw. $+1$ erhält man das Niveau $x_{ji}^{(0)} = a_i$ bzw. b_i. Die Versuchspunkte liegen dann in gewissen Eckpunkten des Parallelepipeds $V^{(0)}$. Die Orthogonalität des Versuchsplanes geht bei der Transformation i. allg. verloren. Ob die D-, G-, A- und E-Optimalität der faktoriellen Pläne 1. Ordnung erhalten bleibt, d. h., ob diese Pläne affininvariant bezüglich der Transformation (3.24) sind, muß im Einzelfalle überprüft werden (vgl. Abschnitt 1.4.1.).

Nun soll als natürlicher Versuchsbereich $V^{(0)}$ die Hypereinheitskugel gewählt werden, d. h. $\sum\limits_{i=1}^{k} x_i^{(0)2} \leqq 1$. Faktorielle Versuchspläne 1. Ordnung werden hier auf einem Hyperwürfel, der der Hypereinheitskugel einbeschrieben wurde, aufgebaut. Für diese Pläne gelten, wie man zeigen kann, die gleichen Optimalitätseigenschaften wie bei Plänen für den Versuchsbereich (3.2).

Auch auf der Hypereinheitskugel kann man gesättigte faktorielle Versuchspläne konstruieren. Die Willkürlichkeit bei der Wahl eines orthogonalen Versuchsplanes auf der Hypereinheitskugel besteht darin, daß man durch beliebige Drehung eines faktoriellen Versuchsplanes einen weiteren orthogonalen Versuchsplan erhält. In entsprechender Weise wie bei der Hypereinheitskugel bestimmt man die Versuchspunkte eines Planes 1. Ordnung, wenn der Versuchsbereich $V^{(0)}$ eine beliebige Hyperkugel ist.

Praktisch geht man folgendermaßen vor: Als natürlicher Versuchsbereich $V^{(0)}$ sei für die Variablen $x_1^{(0)}, \ldots, x_k^{(0)}$ ein Parallelepiped gegeben. Man transformiert den in der „Standardform" mit den beiden Stufen $+1$ und -1 für den Versuchsbereich (3.2) vorliegenden faktoriellen Plan auf den natürlichen Versuchsbereich und führt die Versuche durch. Die Beobachtungen werden in die letzte Spalte der „Standardformtabellen" eingetragen. Man schätzt die Regressionskoeffizienten und erhält den geschätzten Regressionsansatz in den Veränderlichen $x_1, \ldots, x_k$. Anschließend führt man durch

$$x_i = \frac{x_i^{(0)} - \overline{x}_i^{(0)}}{\frac{b_i - a_i}{2}} \qquad (i = 1, \ldots, k)$$

wieder die natürlichen Variablen ein (vgl. Beispiel in Abschnitt 3.3.7).

3.3.6. *Aufteilung eines faktoriellen Versuchsplanes in Blöcke*

Bei Plänen mit einer großen Anzahl von Versuchen, deren Durchführung viel Zeit erfordert, ist es praktisch selten möglich, die Versuche unter gleichen Bedingungen durchzuführen. So treten z. B. oft unkontrollierbare zeitliche Änderungen der Eigenschaften der Rohstoffe durch Oxydation oder Alterungen des Aggregates ein. Um dadurch entstehende systematische Fehler zu vermeiden, wurde die Reihenfolge der Versuche eines VFV 2^k bzw. eines TFV 2^{k-p} stets randomisiert. Die systematischen Veränderungen der Bedingungen lassen jedoch die Varianz des Versuchsfehlers anwachsen. Nimmt man die Veränderungen als einen diskreten Vorgang an, kann ihr Einfluß eliminiert werden, indem man die Schätzung der Wirkung der zeitlichen Veränderungen mit der Schätzung unwesentlicher Wechselwirkungen vermengt und den Versuchsplan in bestimmte Gruppen von Einzelversuchen — sogenannte *Blöcke* — aufteilt. Dadurch kann die unvermeidliche Varianz des Versuchsfehlers relativ klein gehalten werden. Die Blöcke werden so gebildet, daß die Schätzungen der Hauptwirkungen und der wesentlichen Wechselwirkungen unter gleichen Bedingungen erfolgen. Innerhalb eines Blocks dürfen möglichst keine zeitlichen Veränderungen der Bedingungen auftreten. Die Reihenfolge der Versuche in jedem Block wird wieder zufällig gewählt.

Angenommen, ein technischer Prozeß mit drei unabhängigen Variablen soll untersucht werden, wobei neben den Haupt- auch die zweifaktoriellen Wechselwirkungen unvermengt geschätzt werden sollen. Die dreifaktorielle Wechselwirkung sei vernachlässigbar. Man verwendet deshalb einen VFV 2^3. Weiterhin sei bekannt, daß gewisse Rohstoffe nach vier Versuchen erneuert werden müssen, was eine diskrete zeitliche Veränderung der Rohstoffe hervorrufen kann. Man teilt deshalb den Versuch in 2 Blöcke zu 4 Versuchen und führt aus diesem Grunde eine vierte (diskrete) unabhängige Veränderliche x_* ein, die die Veränderung zwischen den Blöcken charakterisieren soll. Man setzt $x_* = x_1x_2x_3$ und verwendet für den ersten Block alle die Zeilen der Tabelle 3.2 mit $x_* = x_1x_2x_3 = +1$ und für den zweiten Block alle Zeilen mit $x_* = x_1x_2x_3 = -1$ (vgl. Tabelle 3.8).

Den erhaltenen Versuchsplan kann man als TFV 2^{4-1} mit der definierenden Beziehung $I = x_1x_2x_3x_*$ betrachten. Unter der Annahme, daß keine wesentlichen Wechselwirkungen $\Theta_{1*}, \Theta_{2*}, \Theta_{3*}, \Theta_{12*}, \ldots, \Theta_{123*}$ auftreten, folgt:

$$\begin{aligned} &\hat{\Theta}_0 \to \Theta_0, \hat{\Theta}_1 \to \Theta_1, \hat{\Theta}_2 \to \Theta_2, \hat{\Theta}_3 \to \Theta_3; \\ &\hat{\Theta}_{12} \to \Theta_{12}, \hat{\Theta}_{13} \to \Theta_{13}, \hat{\Theta}_{23} \to \Theta_{23}; \\ &\hat{\Theta}_{123} \to \Theta_{123} + \Theta_*. \end{aligned} \tag{3.25}$$

$2\Theta_*$ ist ein Maß für die mittlere Größe der Veränderung zwischen den Blöcken. Die eben angeführten Vermengungen erhält man, wenn man die Beobachtungswerte im ersten Block als um die Größe Θ_* zu hoch und die im zweiten Block als um die Größe Θ_* zu niedrig annimmt. Durch die Orthogonalität des Versuchsplanes hat die Veränderung zwischen den Blöcken keinen Einfluß auf die Schätzungen $\hat{\Theta}_0, \hat{\Theta}_1, \ldots, \hat{\Theta}_{23}$, wodurch die Varianz des Versuchsfehlers relativ klein gehalten wird.

Tabelle 3.8
Aufteilung des VFV 2^3 in zwei Blöcke (Schema für die Auswertung)

Block Nr.	Versuch Nr.	x_0	x_1 (V_3)	x_2 (V_3)	x_3 (V_3)	x_1x_2	x_1x_3	x_2x_3	$x_1x_2x_3(= x_*)$	Codierung	Vektor der Beobachtungen $\mathfrak{y}$
1	1	+	−	−	+	+	−	−	+	c	y_1
	2	+	+	−	−	−	−	+	+	a	y_2
	3	+	−	+	−	−	+	−	+	b	y_3
	4	+	+	+	+	+	+	+	+	abc	y_4
2	5	+	−	−	−	+	+	+	−	(1)	y_5
	6	+	+	−	+	−	+	−	−	ac	y_6
	7	+	−	+	+	−	−	+	−	bc	y_7
	8	+	+	+	−	+	−	−	−	ab	y_8

Man kann auch durch Änderung des Bezugspunktes der Berechnung der Veränderung zwischen den Blöcken annehmen, daß die Beobachtungswerte im ersten Block unverfälscht sind, während sie im zweiten Block um $2\Theta_*$

zu niedrig sind. Nach (3.10) folgt dann z. B. für $\hat{\Theta}_{13}$:

$$\hat{\Theta}_{13} = \frac{1}{8}[-Y_1 - Y_2 + Y_3 + Y_4 + (Y_5 + 2\Theta_*) + (Y_6 + 2\Theta_*) - (Y_7 + 2\Theta_*) - (Y_8 + 2\Theta_*)]$$
$$= \frac{1}{8}[-Y_1 - Y_2 + Y_3 + Y_4 + Y_5 + Y_6 - Y_7 - Y_8].$$

Also gilt $\hat{\Theta}_{13} \to \Theta_{13}$. Bis auf die Ausnahme $\hat{\Theta}_0 \to \Theta_0 + \Theta_*$ stimmen hier auch alle anderen Vermengungen mit (3.25) überein.

Entsprechend kann man einen TFV in zwei Blöcke spalten. Beim Aufteilen eines Planes in 2^q Blöcke muß man q Variable $x_*, x_{**}, \ldots$ einführen, wobei auch die entsprechenden Wechselwirkungen $\Theta_{*,**}, \ldots$ zu beachten sind. Beispiele dazu werden z. B. in Davies [1] angegeben.

3.3.7. *Praktisches Beispiel für die Anwendung teilweiser faktorieller Versuchspläne*

Das folgende Beispiel ist entnommen aus Chomjakov/Želtova/Adler/Nalimov [1]. Es bezieht sich auf die Untersuchung der Wärmeleitfähigkeit von Sublimaten, die bei der Chlorierung titanhaltiger Schlacke in der Schmelze entstehen.

Um die Apparaturen des Kondensationssystems bei der Projektierung der Chloratoren berechnen zu können, muß man den spezifischen Wärmeleitfähigkeitskoeffizienten der Sublimate kennen. Eine Interpolationsformel ist aufzustellen, mit der man diesen Wert in Abhängigkeit von der Dichte des Stoffes, seiner chemischen Zusammensetzung und der Temperatur ermitteln kann.

Vier unabhängige Variable sind dafür zu untersuchen:

$x_1^{(0)}$ — Schüttgewicht (in g/cm³)

$x_2^{(0)}$ — Chlorgehalt der Sublimate (in Volumenprozenten)

$x_3^{(0)}$ — Verhältnis der Konzentrationen von SiO_2 und TiO_2 in den Sublimaten

$x_4^{(0)}$ — Temperatur (in °C)

Die weiteren Berechnungen werden ohne Maßeinheiten vorgenommen. Auf Grund praktischer Erfahrungen der Chemiker kann man annehmen, daß alle Wechselwirkungen außer Θ_{23} und Θ_{34} vernachlässigbar sind. Als Regressionsansatz wählt man ein spezielles Polynom 2. Grades mit den Koeffizienten $\Theta_0, \Theta_1, \ldots, \Theta_4, \Theta_{23}$ und Θ_{34}. Die günstigsten Vermengungen weist für dieses Problem ein TFV 2^{4-1} mit $x_4 = x_1x_2$ auf (Tabelle 3.9.). Aus der definierenden Beziehung $I = x_1x_2x_4$ erhält man die vermengten Schätzungen:

$$\hat{\Theta}_0 \to \Theta_0 + \Theta_{124}$$

$$\hat{\Theta}_1 \to \Theta_1 + \Theta_{24} \qquad \hat{\Theta}_{13} \to \Theta_{13} + \Theta_{234}$$

$$\hat{\Theta}_2 \to \Theta_2 + \Theta_{14} \qquad \hat{\Theta}_{23} \to \Theta_{23} + \Theta_{134}$$

$$\hat{\Theta}_3 \to \Theta_3 + \Theta_{1234} \qquad \hat{\Theta}_{34} \to \Theta_{34} + \Theta_{123}.$$

$$\hat{\Theta}_4 \to \Theta_4 + \Theta_{12}$$

Alle interessierenden Wirkungen werden nur mit unwesentlichen Wechselwirkungen vermengt geschätzt. Zusätzlich erlaubt der gewählte Plan die als unwesentlich vorausgesetzte Wechselwirkung Θ_{13} zu schätzen.

$V^{(0)} = H^{(0)}$ ist in den Variablen $x_1^{(0)}, \ldots, x_4^{(0)}$ gegeben als $0{,}72 \leqq x_1^{(0)} \leqq 1{,}02$; $35 \leqq x_2^{(0)} \leqq 45$; $0{,}75 \leqq x_3^{(0)} \leqq 1{,}25$; $200 \leqq x_4^{(0)} \leqq 300$.

Tabelle 3.9 enthält die Matrix $\boldsymbol{F}$ sowie in der letzten Spalte den Mittelwert aus je 2 Beobachtungen im entsprechenden Versuchspunkt. Dadurch war es möglich, die a priori unbekannte Standardabweichung σ des Versuchsfehlers zu schätzen.

Es sei bekannt, daß die Beobachtungen normalverteilt sind. Um zu prüfen, ob der gewählte Polynomansatz für die Wirkungsfläche adäquat ist, wurden zwei zusätzliche Versuche im Zentrum des Versuchsbereiches, d. h. im Punkt $(x_1, x_2, x_3, x_4)' = (0, 0, 0, 0)'$, durchgeführt, die den Beobachtungsmittelwert $\overline{y}_0 = 350{,}0$ ergaben. Diese beiden Messungen wurden bereits bei der Berechnung des in Tabelle 3.9 angegebenen Schätzwertes $s(\overline{y})$ mit berücksichtigt. Sei $\overline{\overline{y}} = \frac{1}{8} \sum_{j=1}^{8} \overline{y}_j$. Nach Abschnitt 3.3.3. ist die Differenz $\overline{\overline{y}} - \overline{y}_0 = -13{,}88$ ein Schätzwert für $\sum_{i=1}^{4} \Theta_{ii}$. Die (Null-) Hypothese $H_0\colon \sum_{i=1}^{4} \Theta_{ii} = 0$ des t-Tests (9 Freiheitsgrade) wird in diesem Falle für alle üblichen Signifikanzniveaus nicht abgelehnt.

Tabelle 3.9
TFV 2^{4-1} mit $I = x_1x_2x_4$ und Resultate der Berechnung

	$x_1^{(0)}$	$x_2^{(0)}$	$x_3^{(0)}$	$x_4^{(0)}$
Nullniveau ($x_i = 0$)	0,87	40,0	1,00	250
Oberes Niveau ($x_i = 1$)	1,02	45,0	1,25	300
Unteres Niveau ($x_i = -1$)	0,72	35,0	0,75	200

Versuch Nr.	Matrix F x_0	V_8 x_1	x_2	x_3	x_4	x_1x_3	x_2x_3	x_3x_4	$\bar{y}$ (cal/mh °C)
1	+	+	−	−	−	−	+	+	292
2	+	−	+	−	−	+	−	+	383
3	+	+	−	+	−	+	−	−	122
4	+	−	+	+	−	−	+	−	586
5	+	−	−	−	+	+	+	−	539
6	+	+	+	−	+	−	−	−	232
7	+	−	−	+	+	−	−	+	239
8	+	+	+	+	+	+	+	+	296
$\hat{\vartheta}_i$	336,12	−100,62	38,12	−25,38	−9,62	−1,12	92,12	−33,62	

Schätzwert für Standardabweichung	$s(\bar{y}) = 20{,}00$; $s(\hat{\vartheta}_i) = 7{,}10$; $f = 8$

Aus Tabelle 3.9 ist ersichtlich, daß Θ_{13} – wie angenommen – vernachlässigt werden kann, denn $\hat{\vartheta}_{13}$ weicht nicht signifikant von Null ab.

Als Ergebnis erhält man folgende Formel für die Berechnung des gesuchten spezifischen Wärmeleitfähigkeitskoeffizienten:

$$\hat{y} = 336{,}12 - 100{,}62x_1 + 38{,}12x_2 - 25{,}38x_3 - 9{,}62x_4 + 92{,}12x_2x_3 - 33{,}62x_3x_4.$$

Dabei ist

$$x_1 = \frac{x_1^{(0)} - 0{,}87}{0{,}15}; \quad x_2 = \frac{x_2^{(0)} - 40}{5};$$

$$x_3 = \frac{x_3^{(0)} - 1}{0{,}25}; \quad x_4 = \frac{x_4^{(0)} - 250}{50}.$$

3.4. Versuchspläne 2. Ordnung

3.4.1. Drehbarkeit als Haupteigenschaft

Innerhalb eines gewissen Prognosebereichs H soll die Wirkungsfläche durch ein Polynom 2. Grades

$$\tilde{\eta}(\boldsymbol{x}, \Theta) = \Theta_0 x_0 + \sum_{i=1}^{k} \Theta_i x_i + \sum_{i=1}^{k} \Theta_{ii} x_i^2 + \sum_{i=1}^{k-1} \sum_{j=i+1}^{k} \Theta_{ij} x_i x_j \tag{3.26}$$

beschrieben werden. Um alle Koeffizienten dieses Polynoms unvermengt schätzen zu können, genügt es nicht mehr, im Versuchsplan jede Variable auf zwei Stufen einzustellen. Bei Versuchsplänen 2. Ordnung muß jede Variable mindestens drei verschiedene Werte annehmen. In Abschnitt 3.3.3. wurde nämlich gezeigt, daß bei faktoriellen Versuchen mit zwei Stufen für jeden Faktor die Koeffizienten Θ_{ii} $(i = 1, \ldots, k)$ nicht unvermengt geschätzt werden können.

Die wichtigsten Forderungen an einen Versuchsplan sind aus Abschnitt 3.1. bekannt. Es erwies sich aber, daß keine Versuchspläne 2. Ordnung gefunden werden konnten, die in so umfassendem Sinne optimal sind wie die Versuchspläne 1. Ordnung vom Typ 2^k bzw. 2^{k-p}.

Bei der Suche nach einer Haupteigenschaft für Versuchspläne 2. Ordnung verwendete Box zunächst wie bei Versuchsplänen 1. Ordnung die Orthogonalität der Spalten von $\boldsymbol{F}$. Um orthogonale Versuchspläne aufbauen zu können, mußten für die unabhängigen Variablen orthogonale Polynome eingeführt werden. Allerdings war bei solchen Plänen das Verhalten der Varianz der Schätzungen ungünstig, z. B. erwiesen sich orthogonale Pläne 2. Ordnung als nichtdrehbar (siehe Box/Hunter [1] bzw. Nalimov/Černova [1]). Deshalb wurde in Box/Hunter [1] die Drehbarkeit als Haupteigenschaft der Versuchspläne 2. Ordnung eingeführt. In dieser Arbeit wurde die Zweckmäßigkeit dieser Eigenschaft nur empirisch dadurch begründet, daß bezüglich der Varianz $D^2\hat{Y}(\boldsymbol{x})$ der geschätzten Werte der Wirkungsfläche jede Richtung vom Zentrum des Versuchsbereiches aus gleichberechtigt ist, was für den Praktiker (vor allem bei der in Abschnitt 3.5. zu behandelnden Methode von Box und Wilson) von Bedeutung ist. Später konnte die Einführung dieser Haupteigenschaft in gewissen Spezialfällen strenger motiviert werden, worauf noch eingegangen wird.

Bei einem gegebenen Problem ist durch die Forderung der Drehbarkeit auch bei festem n kein Versuchsplan eindeutig festgelegt, sondern stets eine Klasse drehbarer Pläne ausgezeichnet. Zur Auswahl des zu verwendenden Planes aus dieser Klasse zieht man weitere Eigenschaften hinzu, durch die andere, für das Problem besonders wichtige Forderungen aus Abschnitt 3.1. erfüllt werden.

3.4.2. Bedingungen an die Momente

Beim Regressionsansatz (3.26) enthält die Matrix $n^{-1}\boldsymbol{F}'\boldsymbol{F}$ Elemente der Gestalt

$$\frac{1}{n}\sum_{j=1}^{n} x_{ji}^{\alpha_1} x_{jl}^{\alpha_2} x_{jq}^{\alpha_3} x_{js}^{\alpha_4} \quad (i, l, q, s = 1, \dots, k)$$

$$\text{mit } \alpha_r \in \{0, 1, 2\} \ (r = 1, \dots, 4) \text{ und } \sum_{r=1}^{4} \alpha_r \leqq 4 .$$

Dabei gibt x_{jp} $(p = 1, \dots, k)$ das Niveau des p-ten Faktors im j-ten Versuch an. In der Literatur werden diese Elemente als Momente (des Versuchsplanes) der Ordnung $\sum_{r=1}^{4} \alpha_r$ und $n^{-1}\boldsymbol{F}'\boldsymbol{F}$ als Momentenmatrix bezeichnet. Ein Moment wird ungerade genannt, wenn wenigstens einer der Exponenten α_r $(r = 1, \dots, 4)$ ungerade ist (Null wird als gerade betrachtet).

Die Forderung der Drehbarkeit führt auf gewisse Bedingungen an die Momente bis zur Ordnung $2d$ (denn gerade diese Momente sind in $n^{-1}\boldsymbol{F}'\boldsymbol{F}$ enthalten). Die Beziehungen für den allgemeinen Fall werden in Box/Hunter [1] bzw. Nalimov/Černova [1] angegeben. Speziell für drehbare Versuchspläne 2. Ordnung gilt:

$$\left.\begin{array}{ll}\displaystyle\frac{1}{n}\sum_{j=1}^{n} x_{ji}^2 = \lambda_2 & (i = 1, \ldots, k) \\[2ex] \displaystyle\frac{1}{n}\sum_{j=1}^{n} x_{ji}^4 = \frac{3}{n}\sum_{j=1}^{n} x_{ji}^2 x_{jl}^2 = 3\lambda_4 & \begin{array}{l}(i, l = 1, \ldots, k;\\ i \neq l).\end{array} \\[2ex] \text{Alle ungeraden Momente bis zur 4. Ordnung} & \\ \text{müssen gleich Null sein.} & \end{array}\right\} \tag{3.27}$$

λ_2, λ_4 sind dabei beliebig wählbare Konstanten, deren Wahl nur durch die Ungleichung

$$\frac{\lambda_4}{\lambda_2{}^2} > \frac{k}{k+2} \tag{3.28}$$

eingeschränkt ist, da sonst $n^{-1}\boldsymbol{F}'\boldsymbol{F}$ singulär wird (siehe Box/Hunter [1] bzw. Nalimov/Černova [1]).

3.4.3. Zur Wahl von λ_2 und λ_4

Die Varianzfunktion $D^2\hat{Y}(\boldsymbol{x})$, d. h. die Funktion der Varianz der geschätzten Werte $\hat{Y}$ in Abhängigkeit von $\boldsymbol{x} \in H$, ist für drehbare Pläne 2. Ordnung mit dem Zentrum des Versuchsbereiches im Koordinatenursprung eine Funktion, die nur vom Abstand $\varrho = (\boldsymbol{x}'\boldsymbol{x})^{1/2}$ des betreffenden Punktes $\boldsymbol{x} \in H$ vom Koordinatenursprung sowie von λ_2, λ_4 abhängt. Legt man λ_2 und λ_4 fest, so ist die Momentenmatrix vollständig bekannt.

Bei der Auswahl eines drehbaren Planes geht man folgendermaßen vor: Zunächst untersucht man den Einfluß der Veränderung von λ_2, λ_4 auf die Varianzfunktion

$D^2\hat{Y}(\boldsymbol{x})$ und wählt λ_2, λ_4 so, daß man eine günstige Varianzfunktion erhält. Anschließend baut man den konkreten Versuchsplan so auf, daß er die Forderungen (3.27) und außerdem möglichst für das praktische Problem wichtige Forderungen aus Abschnitt 3.1. erfüllt.

Sei der Versuchsbereich $V (V = H)$ eine Hyperkugel. In Box/Hunter [1] wird dann stets $\lambda_2 = 1$ gewählt. Diese spezielle Wahl ergibt sich in der genannten Arbeit aus der dort eingeführten Standardisierung der Stufen der einzelnen Faktoren im Versuchsplan. Die Varianzfunktion $D^2\hat{Y}(\boldsymbol{x})$ hängt nun neben ϱ nur noch von λ_4 ab. Die Autoren schlagen vor, λ_4 so zu bestimmen, daß die Varianzfunktion im Intervall $0 \leqq \varrho \leqq 1$ konstant bleibt (*uniform-drehbare* Versuchspläne). Man beachte, daß dies keine orthogonale Pläne sind. Die Kovarianzen cov $(\Theta_{ii}, \Theta_{jj})$ und cov (Θ_0, Θ_{ii}) sind bei uniform-drehbaren Plänen von Null verschieden, wie man aus der Form von $\sigma^2(\boldsymbol{F}'\boldsymbol{F})^{-1}$ herleiten kann. Bei einer anderen Wahl von λ_4, nämlich $\lambda_4 = 1$, erhält man drehbare Pläne, für die von den Kovarianzen nur cov (Θ_0, Θ_{ii}) ungleich Null ist.

In Box/Draper [1, 2] werden λ_2 und λ_4 in einer anderen Weise gewählt. Hier wird als Optimalitätskriterium nicht die Minimierung der Versuchsanzahl n verwendet, sondern analog zu Kapitel 2. eine statistische Charakteristik der Schätzung minimiert, allerdings ohne die Voraussetzung eines wahren Ansatzes. Sei der Versuchsbereich $V (V = H)$ eine Hyperkugel. Die Beobachtungen seien normalverteilt mit $\boldsymbol{B}_{\mathfrak{Y}} = \sigma^2 \boldsymbol{E}_n$. Als erstes Ziel wird in diesen Arbeiten angestrebt, die Größe

$$I = \int_H E[\hat{Y}(\boldsymbol{x}) - \eta(\boldsymbol{x})]^2 \, w(\boldsymbol{x}) \, d\boldsymbol{x}$$

zu minimieren. Dabei sei $w(\boldsymbol{x}) = \frac{1}{\sigma^2} np(\boldsymbol{x})$ eine Gewichtsfunktion mit $\int_H p(\boldsymbol{x}) \, d\boldsymbol{x} = 1$. Die Größe I ist die gewichtete mittlere quadratische Abweichung des aus dem Regressionsansatz geschätzten Wertes vom wahren

Wert der Wirkungsfläche (gemittelt über H). Durch

$$\hat{Y}(\boldsymbol{x}) - \eta(\boldsymbol{x}) = [\hat{Y}(\boldsymbol{x}) - E\hat{Y}(\boldsymbol{x})] + [E\hat{Y}(\boldsymbol{x}) - \eta(\boldsymbol{x})]$$

äßt sich I aufteilen in

$$I = I_v + I_b,$$

wobei

$$I_v = \int_H E[\hat{Y}(\boldsymbol{x}) - E\hat{Y}(\boldsymbol{x})]^2 \, w(\boldsymbol{x}) \, d\boldsymbol{x}$$

$$= \frac{\sigma^2}{n} \int_H f(\boldsymbol{x})' \boldsymbol{M}^{-1}(V_n) \, f(\boldsymbol{x}) \, w(\boldsymbol{x}) \, d\boldsymbol{x}$$

den gewichteten und über H gemittelten zufälligen Fehler und

$$I_b = \int_H [E\hat{Y}(\boldsymbol{x}) - \eta(\boldsymbol{x})]^2 \, w(\boldsymbol{x}) \, d\boldsymbol{x}$$

den entsprechenden systematischen Fehler darstellen. In Kapitel 2 ging man stets von der Annahme $I_b \equiv 0$ aus. Dann gilt $I = I_v$. Durch Minimierung von I_v wird ein I-optimaler Versuchsplan bezüglich $w(\boldsymbol{x})$ erhalten (vgl. Abschnitt 1.3.) Das Optimalitätskriterium von Box und Draper kann damit als Verallgemeinerung des I-Optimalitätskriteriums für den Fall betrachtet werden, daß man den Regressionsansatz nicht mehr als wahr voraussetzt und den auftretenden systematischen Fehler in die Untersuchung einbezieht.

Das Optimalitätskriterium von Box und Draper kann man nur dann anwenden, wenn man die Gestalt der wahren Wirkungsfläche $\eta(\boldsymbol{x}, \boldsymbol{\Theta})$ kennt, d. h. neben dem Grad d_1 des gewählten Polynomansatzes mit $I_b \neq 0$ muß bekannt sein, daß $\eta(\boldsymbol{x}, \boldsymbol{\Theta})$ ein Polynom vom Grade d_2 ist.

Box und Draper konnten die Zweckmäßigkeit der Wahl drehbarer Pläne in folgendem Fall nachweisen: Will man den systematischen Fehler I_b allein minimieren und ist als Versuchsbereich $V (V = H)$ eine Hyperkugel gegeben, so braucht man nur drehbare Pläne bestimmter

Ordnung zu betrachten (d_1, d_2 beliebig). Aus diesem Grunde beschränken sie sich auf drehbare Versuchspläne. Die Parameter λ_2 und λ_4 werden so bestimmt, daß I minimal wird. Den speziellen Plan aus der verbleibenden Klasse drehbarer Pläne wählen sie nach einem zweiten Kriterium: Etwaige Inadäquatheiten des Ansatzes sollen gut erkennbar sein. Folglich wird ein solcher Versuchsplan gewählt, der die Mächtigkeit (power-Funktion) des in Abschnitt 3.2. beschriebenen Adäquatheitstests möglichst groß macht.

3.4.4. Praktisch wichtige drehbare Versuchspläne 2. Ordnung

Zentral zusammengesetzte Versuchspläne 2. Ordnung nach Box

Der Versuchsbereich $V (V = H)$ sei eine Hyperkugel um den Koordinatenursprung. Den *Kern* eines *zentral zusammengesetzten Versuchsplanes 2. Ordnung* bildet ein VFV 2^k bzw. TFV 2^{k-p}. Zunächst führt man die Versuche in den Punkten des Kernes durch. Als Ziel dieser ersten Etappe der Versuchsplanung strebt Box an, alle Koeffizienten Θ_0, Θ_i und Θ_{ij} $(i, j = 1, \ldots, k; i \neq j)$ unvermengt schätzen zu können. Aus Abschnitt 3.3.3. ist bekannt, daß die VFV 2^k diese Eigenschaft besitzen ebenso wie etwa die TFV 2^{k-1} für $k \geqq 5$.

Erweist sich das spezielle Polynom 2. Grades, das sich mit diesen unvermengt zu schätzenden Koeffizienten aufbauen läßt, als inadäquat, bildet man unter Verwendung der bereits ausgeführten Versuche einen Versuchsplan 2. Ordnung durch Hinzufügen gewisser Versuchspunkte zu diesem Kern. Und zwar führt man zusätzlich je einen Versuch in den $2k$ sogenannten *Sternpunkten* der Gestalt

$$(x_1, \ldots, x_k)' = (\overbrace{0, \ldots, 0}^{l}, \pm\alpha, 0, \ldots, 0)'$$
$$(l = 0, 1, \ldots, k-1)$$

und n_0 Versuche im Zentrum des Versuchsbereiches $(0, 0, \ldots, 0)'$ durch. Der gesamte zentral zusammengesetzte Versuchsplan 2. Ordnung enthält damit $n = 2^{k-p} + 2k + n_0$ Versuchspunkte (für $k = 3$ vgl. Abbildung 3.1).

Tabelle 3.10
Allgemeine Gestalt der Matrix $\boldsymbol{F}$ eines k-dimensionalen zentral zusammengesetzten Versuchsplanes 2. Ordnung

Matrix $\boldsymbol{F}$							
	V_n						
x_0	x_1	$x_2 \cdots x_k$	x_1^2	$x_2^2 \cdots x_k^2$	x_1x_2	$x_1x_3 \cdots x_{k-1}x_k$	
1	± 1	$\pm 1 \cdots \pm 1$	1	$1 \cdots 1$	± 1	$\pm 1 \cdots \pm 1$	Kern (TFV 2^{k-p})
. . .	. . .	. . .	. . .	. . .	. . .	. . .	
1	± 1	$\pm 1 \cdots \pm 1$	1	$1 \cdots 1$	± 1	$\pm 1 \cdots \pm 1$	
1	$-\alpha$	$0 \cdots 0$	α^2	$0 \cdots 0$	0	$0 \cdots 0$	$2k$ Sternpunkte
1	$+\alpha$	$0 \cdots 0$	α^2	$0 \cdots 0$	0	$0 \cdots 0$	
. . .	. . .	. . .	. . .	. . .	. . .	. . .	
1	0	$0 \cdots -\alpha$	0	$0 \cdots \alpha^2$	0	$0 \cdots 0$	
1	0	$0 \cdots +\alpha$	0	$0 \cdots \alpha^2$	0	$0 \cdots 0$	
1	0	$0 \cdots 0$	0	$0 \cdots 0$	0	$0 \cdots 0$	n_0-mal Zentrum des Versuchsbereiches
. . .	. . .	. . .	. . .	. . .	. . .	. . .	
1	0	$0 \cdots 0$	0	$0 \cdots 0$	0	$0 \cdots 0$	

Den Parameter α kann man so bestimmen, daß der Plan drehbar wird (α läßt sich auch so festlegen, daß man einen orthogonalen Versuchsplan 2. Ordnung erhält). Die Wahl von n_0 beeinflußt die statistischen Charakteristiken des Versuchsplanes, wie z. B. die Varianzfunktion, wesentlich. Wie in Nalimov [1] (Artikel 5.) wählt man n_0 am besten so, daß die Determinante der Informationsmatrix $n^{-1}\boldsymbol{F}'\boldsymbol{F}$ über der Menge der n_0 maximiert wird.

Will man, um eine gewisse Standardform des Planes anzugeben, für den als Kern verwendeten TFV 2^{k-p}, $p \geqq 0$, die Stufen $+1$ und -1 benutzen, erhält man für einen drehbaren zentral zusammengesetzten Versuchsplan 2. Ordnung aus den Bedingungen der Drehbarkeit $\alpha = 2^{\frac{k-p}{4}}$ (vgl. Box/Hunter [1]). Man betrachtet deshalb als Versuchsbereich $V(V = H)$ eine Hyperkugel mit dem Radius $\varrho = \max\left\{\sqrt{k}, 2^{\frac{k-p}{4}}\right\}$. In Tabelle 3.11 ist ein Beispiel angegeben. Dabei ist $k = 3$, als Kern wurde ein VFV 2^3 und als Versuchsbereich eine Kugel mit $\varrho = \sqrt{3}$ gewählt. Weiter sind $n_0 = 6$ und $\alpha = 2^{3/4} = 1{,}682$. Der so erhaltene Plan erweist sich als uniform-drehbar (vgl.

Tabelle 3.11
Matrix F eines zentral zusammengesetzten drehbaren Versuchsplans 2. Ordnung für $k = 3$, $\alpha = 2^{3/4}$ und $n_0 = 6$

Versuch Nr.	Matrix F										
		V_{20}									
	x_0	x_1	x_2	x_3	x_1^2	x_2^2	x_3^2	x_1x_2	x_1x_3	x_2x_3	
1	1	−1	−1	−1	1	1	1	1	1	1	Kern (VFV 2^3)
2	1	1	−1	−1	1	1	1	−1	−1	1	
3	1	−1	1	−1	1	1	1	−1	1	−1	
4	1	1	1	−1	1	1	1	1	−1	−1	
5	1	−1	−1	1	1	1	1	1	−1	−1	
6	1	1	−1	1	1	1	1	−1	1	−1	
7	1	−1	1	1	1	1	1	−1	−1	1	
8	1	1	1	1	1	1	1	1	1	1	
9	1	−1,682	0	0	2,828	0	0	0	0	0	$2k$ Sternpunkte
10	1	1,682	0	0	2,828	0	0	0	0	0	
11	1	0	−1,682	0	0	2,828	0	0	0	0	
12	1	0	1,682	0	0	2,828	0	0	0	0	
13	1	0	0	−1,682	0	0	2,828	0	0	0	
14	1	0	0	1,682	0	0	2,828	0	0	0	
15	1	0	0	0	0	0	0	0	0	0	n_0-mal Zentrum des Versuchsbereiches
16	1	0	0	0	0	0	0	0	0	0	
17	1	0	0	0	0	0	0	0	0	0	
18	1	0	0	0	0	0	0	0	0	0	
19	1	0	0	0	0	0	0	0	0	0	
20	1	0	0	0	0	0	0	0	0	0	

Nalimov/Černova [1]). Mit diesem Plan können alle Koeffizienten aus (3.26) unvermengt geschätzt werden, jedoch sind die Kovarianzen cov (Θ_0, Θ_{ii}) und cov $(\Theta_{ii}, \Theta_{jj})$, $i \neq j$, von Null verschieden. Fragen der Transformation solcher Pläne auf andere Versuchsbereiche werden in Abschnitt 3.4.6. untersucht. Die Lage der Versuchspunkte aus Tabelle 3.10 im R^3 ist in Abbildung 3.1 dar-

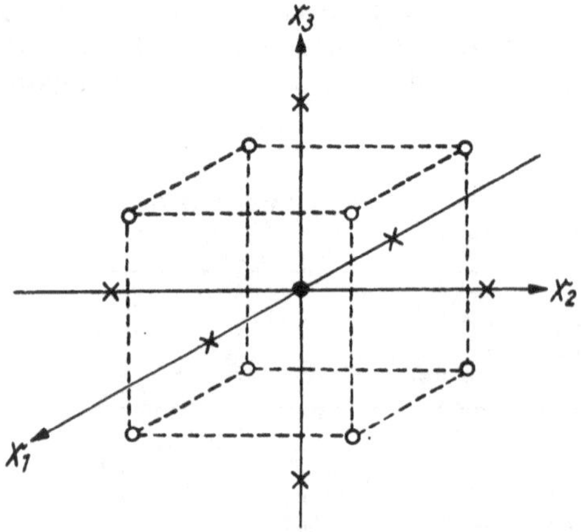

Abb. 3.1. Lage der Versuchspunkte aus Tabelle 3.11 im R^3

gestellt. Die Punkte des VFV 2^3 werden dabei durch Kreise, die Sternpunkte durch Kreuze und das Zentrum des Versuchsbereiches durch einen vollen Kreis gekennzeichnet.

Anordnung der Versuchspunkte auf mehreren Kugelschalen

Wenn die Dichtefunktion eines zufälligen Vektors, dessen Komponenten den Erwartungswert Null und die Varianz Eins besitzen, auf Hyperkugel um den Koordinatenursprung konstant ist, spricht man von einer sphärischen Dichtefunktion. Sei der Versuchsbereich $V(V = H)$ eine Hyperkugel um den Koordinatenursprung mit dem Radius ϱ. Man kann zeigen, daß ein drehbarer Plan 2. Ordnung die gleichen Momente bis zur 4. Ordnung hat wie eine sphärische Dichtefunktion (vgl. Box/Hunter [1]). Dies führt auf den Gedanken, drehbare Pläne durch gleichmäßiges Anordnen der Versuchspunkte auf einer oder mehreren Kugelschalen aufzubauen. Unter „gleichmäßigem Anordnen" versteht man dabei, daß die Versuchspunkte in den Eckpunkten eines regelmäßigen Polyeders liegen, der der entsprechenden Kugel einbeschrieben ist.

Durch gewisse solche Punktanordnungen auf einer Kugelschale lassen sich zwar die Momentenbedingungen (3.27) erfüllen, die Ungleichung (3.28) jedoch nicht, d. h., man erhält eine singuläre Matrix $n^{-1}\boldsymbol{F}'\boldsymbol{F}$. Deshalb sollen nun im Versuchsbereich $l(l > 1)$ verschiedene Kugelschalen mit dem Koordinatenursprung als gemeinsamem Mittelpunkt betrachtet werden. Auf jeder der l Kugelschalen mit dem Radius ϱ_j $(j = 1, \ldots, l)$ seien n_j Versuchspunkte so angeordnet, daß sie die Momentenbedingungen (3.27) erfüllen. Dann genügt auch die Gesamtheit der $n = \sum_{j=1}^{l} n_j$ Versuchspunkte diesen Bedingungen. Der Parameter λ_4 wird aus

$$\lambda_4 = \frac{nk \sum_{j=1}^{l} n_j \varrho_j^4}{(k + 2) \left(\sum_{j=1}^{l} n_j \varrho_j^2 \right)^2} \tag{3.29}$$

bestimmt, und i. allg. erhält man eine nichtsinguläre Matrix $n^{-1}\boldsymbol{F}'\boldsymbol{F}$ (vgl. Box/Hunter [1]).

Praktisch wählt man oft zwei verschiedene Kugelschalen mit $\varrho_1 = \varrho$ und $\varrho_0 = 0$ (Zentrum des Versuchsbereiches). Seien n_1 Punkte auf der Kugelschale mit $\varrho_1 = \varrho$ angeordnet sowie n_0 Punkte im Zentrum des

Versuchsbereiches, so folgt aus (3.29)

$$\lambda_4 = \frac{k(n_1 + n_0)}{(k + 2)\, n_1}.$$

Als Beispiel wird $k = 3$ betrachtet. Einen drehbaren Plan 2. Ordnung erhält man durch gleichmäßiges Anordnen von $n_j = 12$ bzw. 20 Punkten auf Kugelschalen mit dem Radius ϱ_j $(j = 1, \ldots, l)$ oder durch gleichmäßiges Anordnen von $n_1 = 12$ bzw. 20 Punkten auf einer Kugelschale mit dem Radius ϱ_1 und Hinzufügen von n_0 Messungen im Ursprung.

Man kann auch drehbare Versuchspläne 2. Ordnung durch Anordnen der Versuchspunkte auf mehreren Kugelschalen aufbauen, ohne daß die Punkte jeder einzelnen solchen Kugelschale die Bedingungen (3.27) erfüllen. Ein Beispiel für $k = 3$ ist der drehbare zentral zusammengesetzte Versuchsplan aus Tabelle 3.11. Dabei war $\varrho_0 = 0$, $\varrho_1 = \sqrt{3}$, $\varrho_2 = 2^{3/4}$ sowie $n_0 = 6, n_1 = 8, n_2 = 6$.

Ausführlich wird auf die in diesem Abschnitt behandelten Pläne in Box/Hunter [1] eingegangen.

3.4.5. *Nichtdrehbare zentral zusammengesetzte Versuchspläne 2. Ordnung nach Hartley*

In der Literatur werden auch nichtdrehbare Versuchspläne 2. Ordnung angegeben, die in der praktischen Anwendung wegen ihrer günstigeren statistischen Eigenschaften oft den drehbaren Plänen vorzuziehen sind. Als Versuchsbereich $V (V = H)$ wird eine Hyperkugel mit dem Mittelpunkt im Koordinatenursprung und $\varrho = \max \{\sqrt{k}, \alpha\}$ betrachtet.

Die starken Forderungen, die Box an die drehbaren zentral zusammengesetzten Pläne stellt (vgl. Abschnitt 3.4.4.), führen (vor allem bei großem k) zu einer hohen Zahl n von Versuchen, die die Zahl $2k + \frac{k(k-1)}{2} + 1$

der zu schätzenden Parameter aus (3.26) oft weit übersteigt. Verschiedene Autoren stellten deshalb weniger starke Forderungen und kamen zu Versuchsplänen mit geringerer Versuchsanzahl. Allerdings muß man dabei auf bestimmte angenehme Eigenschaften, die die Pläne von Box besitzen, verzichten.

In HARTLEY [1] wurde untersucht, welche Forderungen an den als Kern zu wählenden TFV 2^{k-p} ausreichen, um eine nichtsinguläre Matrix $\boldsymbol{F}$ für den zentral zusammengesetzten Versuchsplan 2. Ordnung zu gewährleisten. Die Überlegungen waren die folgenden (vgl. Tabelle 3.10): Falls nach einem als Kern gewählten TFV 2^{k-p} Hauptwirkungen vermengt mit anderen Hauptwirkungen geschätzt werden, erweisen sich nach Hinzufügen der Sternpunkte die entsprechenden Spalten aus $\boldsymbol{F}$ als linear unabhängig Entsprechendes gilt für alle anderen Arten von Vermengungen, außer wenn auf der Basis des Kernes die Schätzungen zweifaktorieller Wechselwirkungen untereinander vermengt sind. Da in diesen Spalten von $\boldsymbol{F}$ in der zweiten Etappe der Versuchsplanung nur Nullen hinzugefügt werden, bleiben die Schätzungen dieser Koeffizienten auch im ganzen Versuchsplan 2. Ordnung vermengt.

Deshalb konnte in HARTLEY [1] folgender Satz formuliert und bewiesen werden:

Satz 3.2: a) *Mit einem beliebigen zentral zusammengesetzten Versuchsplan 2. Ordnung (für* TFV 2^{k-p} *als Kern seien erzeugende Beziehungen der Gestalt* $I = x_i$ $(i = 1, \ldots, k)$ *ausgeschlossen) ist es stets möglich, die folgenden Koeffizienten aus* (3.26) *zu schätzen:*

- Θ_0 *sowie alle Koeffizienten* Θ_i, Θ_{ii} $(i = 1, \ldots, k)$
- *jeweils einen von untereinander vermengt geschätzten Koeffizienten* Θ_{ij} $(i, j = 1, \ldots, k; i \neq j)$.

b) *Es ist nicht möglich, mehr als jeweils einen von untereinander vermengt geschätzten Koeffizienten* Θ_{ij} *zu schätzen.*

Nach diesem Satz gelang es HARTLEY, Pläne für die unvermengte Schätzung aller Parameter aus (3.26) mit minimaler Versuchsanzahl aufzubauen (unter der Voraussetzung der Verwendung *regulärer* TFV als Kern). Er wählte dabei stets $n_0 = 1$. Es ist nur noch eine Forderung zu beachten: Der Kern des Planes muß so gewählt werden, daß alle Koeffizienten Θ_{ij}, $i \neq j$, untereinander unvermengt geschätzt werden können. Es zeigt sich, daß die TFV 2^{k-p}, die gewöhnlich auf Grund ihrer Vermengungsstruktur als günstig empfohlen werden, nicht notwendig die besten bei der Wahl des Kernes zusammengesetzter Pläne sind.

Als Beispiel wird $k = 4$ betrachtet. Wie in Abschnitt 3.3.3. festgestellt wurde, sind für den gewöhnlich empfohlenen TFV 2^{4-1} mit der definierenden Beziehung $I = x_1x_2x_3x_4$ die Schätzungen der zweifaktoriellen Wechselwirkungen vermengt. Verwendet man jedoch $I = x_1x_2x_3$ als definierende Beziehung, so erweisen sich die Schätzungen der Θ_{ij}, $i \neq j$, als unvermengt. Der Versuchsplan 2. Ordnung mit diesem Kern enthält $n = 17$ Versuchspunkte für 15 zu schätzende Parameter (vgl. Tabelle 3.12).

Für $k=2$ bis $k=8$ kann man die HARTLEYschen Versuchspläne nach den Angaben in Tabelle 3.13 aufbauen. Für

Tabelle 3.12
Zentral zusammengesetzter Versuchsplan 2. Ordnung für $k = 4$ mit Kern TFV 2^{4-1} ($I = x_1x_2x_3$)

Versuch Nr.	Versuchsplan V_{17} x_1	x_2	x_3	x_4	Versuch Nr.	Versuchsplan V_{17} x_1	x_2	x_3	x_4
1	1	−1	−1	−1	9	$-\alpha$	0	0	0
2	−1	1	−1	−1	10	α	0	0	0
3	−1	−1	1	−1	11	0	$-\alpha$	0	0
4	1	1	1	−1	12	0	α	0	0
5	1	−1	−1	1	13	0	0	$-\alpha$	0
6	−1	1	−1	1	14	0	0	α	0
7	−1	−1	1	1	15	0	0	0	$-\alpha$
8	1	1	1	1	16	0	0	0	α
					17	0	0	0	0

den Fall $k = 4$ war der Plan bereits in Tabelle 3.12 angegeben.

Aus Tabelle 3.13 sieht man, daß etwa für $k = 5$ und $k = 7$ die Versuchsanzahl n die Zahl der zu schätzenden Parameter immer noch weit übertrifft. Deshalb werden

Tabelle 3.13
Angaben zu Hartleyschen zentral zusammengesetzten Versuchsplänen 2. Ordnung für $k = 2$ bis $k = 8$

Dimension k	Zahl der Parameter in (3.26)	Typ des TFV für Kern	definierende Beziehung	Versuchsanzahl n
2	6	2^{2-1}	$I = x_1x_2$	7
3	10	2^{3-1}	$I = x_1x_2x_3$	11
4	15	2^{4-1}	$I = x_1x_2x_3$	17
5	21	2^{5-1}	$I = x_1x_2x_3x_4x_5$	27
6	28	2^{6-2}	$I = x_1x_2x_3$	
			$= x_4x_5x_6$	
			$= x_1x_2x_3x_4x_5x_6$	29
7	36	2^{7-2}	$I = x_1x_2x_6$	
			$= x_3x_4x_7$	
			$= x_1x_2x_3x_4x_5x_6x_7$	47
8	45	2^{8-2}	$I = x_1x_2x_3x_4x_7$	
			$= x_3x_4x_5x_6x_8$	
			$= x_1x_2x_3x_4x_5x_6x_7x_8$	81

in Westlake [1] Versuchspläne mit *nichtregulären* TFV als Kern aufgebaut. Dabei gelingt es, die Versuchsanzahl für $k = 5$ bzw. $k = 7$ auf $n = 23$ bzw. $n = 41$ zu senken.

Die Hartleyschen Pläne erweisen sich als nichtdrehbar und nichtorthogonal (außer $k = 5$). Die auftretenden Korrelationen sind zu beachten. In Abschnitt 3.4.7. ergeben sich für die Hartleyschen Pläne beim Vergleich mit stetigen bzw. diskreten D-optimalen Versuchsplänen sehr gute Charakteristiken.

3.4.6. Versuchsbereich und Drehbarkeit

Bei allen behandelten *drehburen* Versuchsplänen 2. Ordnung sind die Versuchspunkte aus dem in Abschnitt 3.4.4. genannten Grund auf Hyperkugelschalen angeordnet. Im allgemeinen verwendet man drehbare Pläne nur für Hyperkugeln als Versuchsbereich.[1]) Auf Hyperkugeln kann man aber auch nichtdrehbare Versuchspläne mit günstigen statistischen Charakteristiken aufbauen, wie etwa die HARTLEYschen Pläne zeigen.

Seien der Versuchsbereich V eine Hyperkugel um den Koordinatenursprung mit dem Radius ϱ und der natürliche Versuchsbereich $V^{(0)}$ eine Hyperkugel mit dem Mittelpunkt $\left(x_{1_m}^{(0)}, \ldots, x_{k_m}^{(0)}\right)'$ und dem Radius $\varrho^{(0)}$. Aus einem für V gegebenen Versuchsplan erhält man das Niveau des i-ten Faktors im j-ten Versuch für $V^{(0)}$ durch

$$x_{ji}^{(0)} = x_{i_m}^{(0)} + \frac{\varrho^{(0)}}{\varrho}\, x_{ji} \; (i = 1, \ldots, k;\; j = 1, \ldots, n).$$

Sei ein Hyperwürfel als natürlicher Versuchsbereich $V^{(0)}$ gegeben. Einen drehbaren Versuchsplan 2. Ordnung baut man auf der größten Hyperkugel auf, die sich diesem Hyperwürfel einbeschreiben läßt. Da die Ecken des Würfels folglich nicht in die Untersuchung einbezogen werden, ergeben sich ungünstige statistische Charakteristiken. Das relative Volumen (bezogen auf das Volumen von V) der von den Versuchspunkten nicht genutzten Würfelecken wächst bei Erhöhung der Dimension k. In Abschnitt 3.4.7. wird gezeigt, daß drehbare Versuchspläne auf dem Hyperwürfel unbefriedigende Eigenschaften besitzen.

Zu bemerken ist noch, daß bei der Transformation eines drehbaren Planes von V auf einen natürlichen Bereich $V^{(0)}$ die Drehbarkeit i. allg. verlorengeht.

---

[1]) Die Drehbarkeit ist nach KIEFER [4] bei einer Hyperkugel als Versuchsbereich sogar notwendige Bedingung für stetige D-optimale Versuchspläne.

3.4.7. Versuchspläne 2. Ordnung und D-Optimalität

Da die Vielzahl der in der Literatur angegebenen Versuchspläne 2. Ordnung und die ihnen zugrunde liegenden Kriterien oft ausgehend von praktischen Gesichtspunkten entwickelt wurden, ist es interessant, sie bezüglich ihrer Optimalitätseigenschaften zu untersuchen. In NALIMOV [1], NALIMOV/GOLIKOVA/MIKESHINA [1] werden deshalb zahlreiche Versuchspläne 2. Ordnung mit stetigen bzw. diskreten D-optimalen Versuchsplänen verglichen. In diesem Abschnitt sollen nur zentral zusammengesetzte Pläne nach BOX (drehbar) und HARTLEY (nichtdrehbar) vergleichend eingeschätzt werden.

Als Versuchsbereich V wird der Hyperwürfel

$$-1 \leqq x_i \leqq +1 \quad (i = 1, \ldots, k) \tag{3.30}$$

bzw. die Hypereinheitskugel

$$\sum_{i=1}^{k} x_i^2 \leqq 1 \tag{3.31}$$

untersucht. Es sei o. B. d. A. $\sigma^2 = 1$. Zum Vergleich werden folgende statistische Charakteristiken benutzt (bezogen auf eine Beobachtung):

a) det $\boldsymbol{M}(\xi)$

b) $D^2\hat{Y}_m$ (der durch das Volumen von V dividierte Wert der mittleren Varianz der aus dem Regressionsansatz geschätzten Werte der Wirkungsfläche über V), d. h. für (3.30)

$$D^2\hat{Y}_m = \frac{\int\limits_V \boldsymbol{f}(\boldsymbol{x})' \boldsymbol{M}^{-1}(\xi) \boldsymbol{f}(\boldsymbol{x}) \, d\boldsymbol{x}}{2^k}$$

bzw. für (3.31)

$$D^2\hat{Y}_m = \frac{\int\limits_V f(x)' M^{-1}(\xi) f(x)\, dx}{\int\limits_V dx}$$

c) $D^2\hat{Y}_{min}$ und $D^2\hat{Y}_{max}$ (die Werte der minimalen und maximalen Varianz über V).

Die diskreten D-optimalen Pläne sind für den Hyperwürfel (3.30) als Versuchsbereich $V(V = H)$ in Abschnitt 2.2.2. angegeben, während stetige D-optimale Pläne für die Hypereinheitskugel (3.31) als Versuchsbereich $V(V = H)$ in KIEFER [4] zu finden sind. Die frei wählbaren Größen bei den BOXschen und HARTLEYschen Plänen wurden so bestimmt, daß det $M(\xi)$ maximal wird. Auf diese Weise legte man bei den BOXschen Plänen n_0 fest, was i. allg. nicht auf *uniform*-drehbare Pläne führt. Für die HARTLEYschen Pläne auf dem Hyperwürfel (3.30) wurden als Stufen der Faktoren für den Kern $+1$ und -1 sowie $\alpha = 1$ und auf der Hypereinheitskugel $+\frac{1}{\sqrt{k}}$ und $-\frac{1}{\sqrt{k}}$ sowie $\alpha = 1$ gewählt. Damit baut man auf der Hypereinheitskugel den TFV (Kern) in den Eckpunkten des größten Hyperwürfels auf, der V einbeschrieben werden kann, und setzt α gleich dem Radius.

Aus Tabelle 3.14, die aus NALIMOV [1] (Artikel 5; 6) entnommen ist, sieht man, daß drehbare Pläne auf dem Hyperwürfel unbefriedigend sind (vgl. Abschnitt 3.4.6.). Dagegen besitzen die HARTLEYschen Pläne im Vergleich zu den diskreten D-optimalen Plänen gute statistische Charakteristiken.

Bei der Hyperkugel als Versuchsbereich V erweisen sich sowohl die BOXschen als auch die HARTLEYschen Pläne als akzeptabel, wobei die i. allg. weit geringere Versuchsanzahl bei HARTLEY zu beachten ist. Interessant ist, daß für drehbare Pläne nur in der Nähe der Grenzen von V eine größere Varianz der Schätzung $\hat{Y}(x)$ der Wir-

Tabelle 3.14
Vergleichende Einschätzung statistischer Charakteristiken der diskreten bzw. stetigen D-optimalen Versuchspläne und der zentral zusammengesetzten Versuchspläne von Box (drehbar) und Hartley (nichtdrehbar) für $k = 4, 5, 6$

Bezeichnung des Versuchsplanes	Dimension k	Zahl der Parameter	V = Hyperwürfel (3.30)						V = Hypereinheitskugel					
			n	n_0	$\det(M(\xi))$	$D^2\hat{Y}_m$	$D^2\hat{Y}$ min	$D^2\hat{Y}$ max	n	n_0	$\det(M(\xi))$	$D^2\hat{Y}_m$	$D^2\hat{Y}$ min	$D^2\hat{Y}$ max
diskreter bzw. stetiger D-optimaler Versuchsplan	4	15	—	—	$0{,}22 \cdot 10^{-4}$	11,1	7,7	15	—	—	$0{,}75 \cdot 10^{-16}$	10,7	8,6	15
Box (Kern: VFV 2^4)			31	7	$0{,}18 \cdot 10^{-16}$	36,5	4,2	267,2	26	2	$0{,}74 \cdot 10^{-16}$	10,5		15,2
Hartley			17	1	$0{,}10 \cdot 10^{-7}$	17,1	3,2	118,6	17	1	$0{,}56 \cdot 10^{-17}$	15,8		
diskreter bzw. stetiger D-optimaler Versuchsplan	5	21	—	—	$0{,}63 \cdot 10^{-6}$	15,5	10,7	21	—	—	$0{,}44 \cdot 10^{-26}$	15,2	11,8	21
Box (Kern: TFV 2^{5-1})			32	6	$0{,}55 \cdot 10^{-28}$	85,9	4,9	665,7	27	1	$0{,}40 \cdot 10^{-27}$	16,3		23,8
Hartley			27	1	$0{,}17 \cdot 10^{-7}$	11,0	2,7	27,4	27	1	$0{,}32 \cdot 10^{-26}$	13,7		
diskreter bzw. stetiger D-optimaler Versuchsplan	6	28	—	—	$0{,}15 \cdot 10^{-7}$	20,6	14,2	28	—	—	$0{,}36 \cdot 10^{-39}$	20,5	15,6	28
Box (Kern: TFV 2^{6-1})			53	9	$0{,}25 \cdot 10^{-39}$	126,7	5,7	1007,5	46	2	$0{,}17 \cdot 10^{-39}$	20,5		29,0
Hartley			29	1	$0{,}59 \cdot 10^{-17}$	52,0	3,3	152,0	29	1	$0{,}57 \cdot 10^{-42}$	35,0		

kungsfläche als für stetige D-optimale Pläne erhalten wird, während sie in der Umgebung des Zentrums des Versuchsbereiches auf eine kleinere Varianz führen (vgl. dazu NALIMOV [1] (Artikel 6.)).

3.4.8. Andere Plantypen

In der Literatur wird eine Vielzahl weiterer Versuchspläne 2. Ordnung betrachtet. Es sei hier besonders auf die Simplexsummenpläne (siehe BOX/BEHNKEN [1], NALIMOV [1] (Artikel 3)), auf die VFV 3^k bzw. TFV 3^{k-p} (siehe DAVIES [1]) (sie besitzen i. allg. keine günstigen statistischen Charakteristiken), auf die bereits kurz erwähnten WESTLAKEschen Pläne (siehe WESTLAKE [1]) und auf die konkreten quasi-D-optimalen Versuchspläne für einen Hyperwürfel als Versuchsbereich V (siehe NALIMOV [1], Artikel 5) hingewiesen.

3.5. Aufsuchen optimaler Bedingungen (Methode von BOX *und* WILSON*)*

3.5.1. Grundgedanken

Bei chemischen, physikalischen und metallurgischen Prozessen ergibt sich oft die Aufgabe, optimale Bedingungen für die Durchführung des Prozesses zu bestimmen. Gesucht ist auf der Basis einer möglichst geringen Anzahl von Versuchen ein solcher Punkt (bzw. solche Punkte) innerhalb des Versuchsbereiches, in dem die Wirkungsfläche ihren maximalen Wert annimmt. (Probleme der Minimierung lassen sich stets in Maximierungsprobleme überführen. Man maximiert dann den negativen Wert der Wirkungsfläche.) Als Faktoren können etwa die Temperatur, die Reaktionszeit, Druck und Konzentrationen auftreten, als zu maximierende Größe η der

Produktionsausstoß oder bestimmte Qualitätsmerkmale des Endproduktes.

Die adäquate Beschreibung der Wirkungsfläche über einem relativ großen Prognosebereich H erfordert eine sehr hohe Versuchsanzahl. Nur selten wird dazu ein Polynomansatz 1. oder 2. Grades ausreichen. Eine Methode, die mit relativ wenigen Versuchen ein Auffinden der optimalen Bedingungen ermöglicht, entwickelten 1951 Box und Wilson (vgl. Box/Wilson [1]). Dabei setzt man voraus, daß in dem gegebenen praktischen Problem ein Sequentialverfahren (vgl. Abschnitt 1.6.) anwendbar und die Varianz σ^2 des Versuchsfehlers klein ist.

Grundgedanke der sequentiellen Methode ist es, zunächst mit wenigen Versuchen einen kleinen Teil der Wirkungsfläche durch ein Polynom 1. Grades zu beschreiben. (Erlaubt der benutzte faktorielle Versuchsplan die Schätzung gewisser Wechselwirkungen, werden diese zum Ansatz hinzugefügt.)

Danach bewegt man sich in Richtung des Gradienten des Polynoms 1. Grades auf der Wirkungsfläche schrittweise so lange fort, bis das Maximum der Realisierungen der Zielgröße in dieser Richtung erreicht ist. Der zu diesem Maximum gehörige Versuchspunkt wird als Zentrum des Teilversuchsbereiches $V^* \subset V^{(0)}$ zu einer weiteren Beschreibung eines kleinen Teiles der Wirkungsfläche durch ein Polynom 1. Grades benutzt. Nun schreitet man wieder in Richtung des Gradienten von $\hat{y}(\boldsymbol{x})$ fort usw. Die erste Etappe der Methode von Box und Wilson ist abgeschlossen, wenn ein sogenanntes „*fast-stationäres*" Gebiet erreicht ist, d. h., wenn eine Näherung der wahren Wirkungsfläche durch ein Polynom 1. Grades nicht mehr adäquat möglich ist.

Ist σ^2 unbekannt und will man, um Kosten zu sparen, keine zusätzlichen Versuche für den Test in Abschnitt 3.3.2. durchführen, kann man praktisch die Notwendigkeit der Näherung der Wirkungsfläche durch ein Polynom 2. Grades daran erkennen, daß die Schätzungen der Hauptwirkungen nicht mehr groß im Verhältnis zu den ebenfalls erhaltenen Schätzungen gewisser Wechselwirkungen sind oder daß die gemessenen Werte in Richtung des Gradienten offensichtlich nichtlinear ansteigen. Das fast-stationäre Gebiet ist erreicht, wenn bei bekannter Standardabweichung σ bzw. einer Schätzung s dafür die (den Anstieg der Wirkungsfläche angebenden) Schätzungen der Hauptwirkungen nicht mehr signifikant von Null abweichen.

In der zweiten Etappe wird im fast stationären Gebiet ein Versuchsplan 2. Ordnung (selten auch ein Versuchsplan 3. Ordnung) benutzt, wobei der bereits durchgeführte Versuchsplan 1. Ordnung als Kern verwendet werden kann. Dadurch gelingt es, den größten Teil der Versuche im Gebiet des Maximums zu konzentrieren.

Im allgemeinen kann man mit dieser Methode nur ein relatives Maximum bestimmen. In Davies [1] wird dieses Vorgehen mit dem Hinweis gerechtfertigt, daß bei chemischen Prozessen bisher praktisch nur unimodale Wirkungsflächen bekannt sind.

Die relative Bedeutung der beiden Etappen hängt von der praktischen Aufgabe ab. Soll etwa ein bereits gut bekannter Prozeß nur noch verbessert werden, kann man oft sofort im fast-stationären Gebiet beginnen, und die erste Phase entfällt.

3.5.2. Fortschreiten in Gradientenrichtung

Der Gradient der Schätzung $\hat{y}(x_1, \dots, x_k)$ für die Wirkungsfläche ist aus der Vektoranalysis bekannt als

$$\nabla\hat{y} = \left(\frac{\partial\hat{y}}{\partial x_1}, \frac{\partial\hat{y}}{\partial x_2}, \dots, \frac{\partial\hat{y}}{\partial x_k}\right)'.$$

Der Weg in Richtung des Gradienten ist der Weg in Richtung des steilsten Anstiegs der Wirkungsfläche. Auf diesem Weg erreicht man in schrittweisem Vorgehen immer größere Werte der Zielgröße, bis man eventuell in ein fast-stationäres Gebiet gelangt.

Wählt man einen Polynomansatz 1. Grades, so sind die partiellen Ableitungen gleich den geschätzten Regressionskoeffizienten $\hat{\vartheta}_1, \ldots, \hat{\vartheta}_k$. Bei der schrittweisen Bewegung in Gradientenrichtung müssen damit die unabhängigen Veränderlichen $x_1, \ldots, x_k$ proportional zur Größe der entsprechenden geschätzten Regressionskoeffizienten verändert werden (unter Beachtung des Vorzeichens). Ist der natürliche Versuchsbereich $V^{(0)}$ ein Parallelepiped der Gestalt $a_i \leqq x_i^{(0)} \leqq b_i$ $(i = 1, \ldots, k)$, so hat man beim Übergang zu den natürlichen Variablen (vgl. Abschnitt 3.3.5.) die Schrittlänge in der i-ten natürlichen Variablen proportional zum Produkt $[(b_i - a_i)/2] \cdot \hat{\vartheta}_i$ zu wählen, wie man sofort aus (3.24) erhält. Die der Änderung der Variablen x_i $(i = 1, \ldots, k)$ von 0 auf 1 entsprechende Änderung $(b_i - a_i)/2$ der natürlichen Variablen $x_i^{(0)}$ wird *Einheit* genannt. Bei einem gegebenen Problem muß die Schrittlänge in einer beliebigen natürlichen Variablen, etwa von $x_q^{(0)}$, den praktischen Erfordernissen entsprechend fest gewählt und der Proportionalitätsfaktor berechnet werden. Multipliziert man die Produkte $[(b_l - a_l)/2] \cdot \hat{\vartheta}_l$ $(l = 1, \ldots, k;\ l \neq q)$ mit diesem Faktor, erhält man die Schrittlängen in den anderen natürlichen Variablen $x_l^{(0)}$. Das Niveau von $x_i^{(0)}$ nach dem m-ten Schritt in Gradientenrichtung ist zu finden, indem man die m-fache Schrittlänge in dieser Variablen zum $x_i = 0$ entsprechenden Nullniveau $x_i^{(0)} = (a_i + b_i)/2$ addiert (vgl. Tabelle 3.15). Die Gradientenrichtung ist nicht invariant bezüglich der Änderung der Einheit $(b_i - a_i)/2$ von $x_i^{(0)}$. Multipliziert man diese Einheit mit t, so verändert sich auch $\hat{\vartheta}_i$ um den Faktor t und folglich der Schritt in der Variablen $x_i^{(0)}$, der proportional zum Produkt dieser beiden Größen ist, um den Faktor t^2. Invariant ist dagegen das Vorzeichen des Gradienten.

Bezüglich der Teilversuchsbereiche V^* aus $V^{(0)}$, die bei den einzelnen Näherungen durch Polynome 1. Grades in der 1. Etappe verwendet werden, unterscheidet man zwei Fälle:

a) Die Einheiten der Faktoren $x_i^{(0)}$ sind auf Grund praktischer Vorschriften fest vorgegeben.

b) Die Einheiten sind in gewissen Grenzen frei wählbar. Hier bestimmt man die Einheiten möglichst so, daß alle geschätzten Hauptwirkungen etwa von gleichem Betrag sowie signifikant größer als Null sind. Dazu kann es notwendig sein, nach Durchführung einer Näherung die Einheiten zu ändern. Erweist sich nämlich eine Schätzung der Hauptwirkungen als klein gegenüber den anderen Hauptwirkungen und als nicht signifikant größer als Null, so ist es möglich, daß

α) das Nullniveau dieses Faktors nahe an einem bedingten Maximum liegt (d. h. an einem Maximum für diesen Faktor bei konstant gehaltenen anderen Faktoren),

β) die entsprechende Einheit zu klein gewählt wurde,

γ) die Wirkungsfläche unabhängig vom Niveau dieses Faktors ist.

Um die Ursache zu klären, wählt man ein anderes Nullniveau für diesen Faktor sowie eine größere Einheit. Weicht die Schätzung erneut nur zufällig von Null ab, wird γ) als richtig angenommen, und im anderen Fall gilt α) oder β). In diesem Abschnitt wird nur a) betrachtet. Näheres zu b) ist in Box/Wilson [1], Davies [1] und Nalimov/Černova [1] zu finden.

Als praktisches Beispiel für die Bewegung in Gradientenrichtung wird aus Komissarova/Granovskij/Prutkova/Adler/Nalimov/Spicyn [1] die Suche optimaler Bedingungen für die Extraktion von Mikromengen Hafnium durch Tributylphosphat betrachtet. Die zu optimierende Größe η ist dabei der Verteilungskoeffizient des Hafniums. Als unabhängige Veränderliche kommen in Betracht:

$x_1^{(0)}$ – Konzentration der wasserfreien Salpetersäure in der wäßrigen Ausgangslösung (in Normalitäten)

$x_2^{(0)}$ – Konzentration von Tributylphosphat im o-Xylol (in Volumenprozenten)

$x_3^{(0)}$ – Verhältnis der Phasen

$x_4^{(0)}$ – Extraktionszeit (in Minuten).

Als Versuchsplan für die 1. Etappe wird ein TFV 2^{4-1} mit der definierenden Beziehung $I = x_1x_2x_3x_4$ gewählt, der auf folgende vermengte Schätzungen führt:

$$\hat{\Theta}_1 \to \Theta_1,\ \hat{\Theta}_2 \to \Theta_2,\ \hat{\Theta}_3 \to \Theta_3,\ \hat{\Theta}_4 \to \Theta_4,$$
$$\hat{\Theta}_{12} \to \Theta_{12} + \Theta_{34},\ \hat{\Theta}_{13} \to \Theta_{13} + \Theta_{24},\ \hat{\Theta}_{14} \to \Theta_{14} + \Theta_{23}.$$

Da der gewählte TFV 2^{4-1} auch die Schätzung gewisser Wechselwirkungen erlaubt, wird man sich in der 1. Etappe nicht auf ein Polynom 1. Grades als Ansatz beschränken, sondern ein spezielles Polynom 2. Grades mit den Koeffizienten $\Theta_0, \Theta_1, \ldots, \Theta_4, \Theta_{12}, \Theta_{13}, \Theta_{14}$ verwenden. Die Wirkungsfläche soll zunächst über folgendem

Tabelle 3.15
Schema der 1. Etappe der Methode von Box und Wilson

	$x_1^{(0)}$	$x_2^{(0)}$	$x_3^{(0)}$	$x_4^{(0)}$	$\bar{\mathfrak{y}}$
Nullniveau ($x_i = 0$)	7,0	50,0	0,3	7	
Einheit $\left(\frac{b_i - a_i}{2}\right)$	2,0	10,0	0,1	5	
Oberes Niveau ($x_i = 1$)	9,0	60,0	0,4	12	
Unteres Niveau ($x_i = -1$)	5,0	40,0	0,2	2	
Versuch Nr.	x_1	x_2	x_3	x_4	
1	−	−	−	−	0,2970
2	+	−	+	−	5,3650
3	−	−	+	+	0,3995
4	−	+	−	+	0,6770
5	+	+	−	−	21,4500
6	+	−	−	+	8,9300
7	−	+	+	−	0,3505
8	+	+	+	+	16,2500
$\hat{\vartheta}_i$	6,262	2,967	−1,136	−0,151	
$\frac{b_i - a_i}{2} \cdot \hat{\vartheta}_i$	12,524	29,67	−0,1136	−0,755	
Der Veränderung von $x_2^{(0)}$ um 3 entspricht der Schritt	1,266	3	−0,01148	−0,07634	
Rundung	1,3	3	−0,01	−0,1	
Versuch 9 (1. Schritt)	8,3	53	0,29	6,9	44,0
Versuch 10 (2. Schritt)	9,6	56	0,28	6,8	160,0
Versuch 11 (3. Schritt)	10,9	59	0,27	6,7	303,3

Bereich $V^* = H^*$ untersucht werden:

$$5 \leqq x_1^{(0)} \leqq 9; \qquad 40 \leqq x_2^{(0)} \leqq 60;$$

$$0{,}2 \leqq x_3^{(0)} \leqq 0{,}4; \qquad 2 \leqq x_4^{(0)} \leqq 12.$$

Die aus Komissarova/Granovskij/Prutkova/Adler/Nalimov/Spicyn [1] entnommene Tabelle 3.15 enthält in der letzten Spalte die Mittelwerte aus je zwei Beobachtungen in den entsprechenden Versuchspunkten.

Nach Durchführung des TFV 2^{4-1} erhält man folgende Ergebnisse:

$$\hat{\vartheta}_0 = 6{,}741 \qquad \hat{\vartheta}_1 = 6{,}262 \qquad \hat{\vartheta}_2 = 2{,}967 \qquad \hat{\vartheta}_3 = -1{,}136$$

$$\hat{\vartheta}_4 = -0{,}151 \qquad \hat{\vartheta}_{12} = 2{,}884 \qquad \hat{\vartheta}_{13} = -1{,}06 \qquad \hat{\vartheta}_{14} = -0{,}258$$

$$s(\bar{y}) = 0{,}131 \qquad s(\hat{\vartheta}_i) = s(\hat{\vartheta}_{ij}) = 0{,}046 \qquad f = 8.$$

Beim 3. Schritt in Richtung des Gradienten des gewählten Ansatzes erreicht man offensichtlich schon das fast-stationäre Gebiet, so daß weitere Polynomansätze 1. Grades entfallen. Zur Beschreibung des fast-stationären Gebietes wird ein Polynom 2. Grades benutzt.

3.5.3. *Untersuchung des fast-stationären Gebietes*

Im fast-stationären Gebiet verwendet man einen Versuchsplan 2. Ordnung (selten 3. Ordnung). Man kann aber auch zunächst den Kern eines zentral zusammengesetzten Versuchsplanes 2. Ordnung zu einer Beschreibung des zu untersuchenden Gebietes durch ein Polynom 1. Grades heranziehen und diesen, falls die Näherung inadäquat war, dann zu einem Versuchsplan 2. Ordnung ergänzen. Auf diese Weise erhält man die Schätzungen der Koeffizienten des Regressionsansatzes 2. Grades.

Das fast-stationäre Gebiet muß nicht notwendig ein wirkliches Maximum enthalten. Bei zwei Variablen etwa können ein wirkliches Maximum, ein (stationärer oder ansteigender) „Bergrücken“ oder ein Sattelpunkt auftreten. Deshalb muß zunächst der Typ der Wirkungsfläche ermittelt werden. Dazu bringt man den Regressionsansatz auf Hauptachsengestalt. Mit der Kenntnis des Flächentyps gelingt es, den optimalen Punkt (bzw. die optimalen Punkte) aus $V^{(0)}$ und damit die optimalen Bedingungen für den untersuchten technischen Prozeß zu ermitteln. Eine ausführliche Darstellung und viele Beispiele für diese 2. Etappe findet man in Box/Wilson [1], Davies [1] und Nalimov/Černova [1].

3.6. Weitere Probleme

Es wird selten notwendig sein, bei der Methode von Box und Wilson zur Untersuchung des fast-stationären Gebietes Versuchspläne 3. Ordnung heranzuziehen. Drehbare Versuchspläne 3. Ordnung sind etwa Nalimov/Černova [1] zu entnehmen.

Die Methode von Box und Wilson kann i. allg. nur im Labor angewendet werden. Im Produktionsprozeß ist es selten möglich, die für das Verfahren notwendigen Veränderungen an den Faktoren vorzunehmen. Resultate von Laborversuchen sind auf den Produktionsprozeß aber nur beschränkt anwendbar (z. B. hohes Störniveau). Deshalb entwickelte Box 1957 eine „Evolutionary Operation" (EVOP) genannte Methode, die das Aufsuchen optimaler Bedingungen unter den Verhältnissen des laufenden Produktionsprozesses gestattet (siehe Box [2], Nalimov/Černova [1], Linder [1], Hunter/Kittrell [1]).

Bisher wurde stets vorausgesetzt, daß alle k Faktoren, die auf den zu untersuchenden technischen Prozeß Einfluß haben, bekannt sind. Um keinen wesentlichen Faktor zu übersehen, bezieht man bei komplizierten technischen Prozessen in eine Vorphase der Untersuchung eine große Anzahl möglicher Faktoren ein und versucht, mit wenigen Versuchen die wesentlichen Faktoren herauszufinden bzw. die unwesentlichen „auszusieben". In Nalimov/Černova [1] werden drei verschiedene Wege beschrieben (wobei man jeweils von bestimmten Voraussetzungen ausgeht):

das Verwenden der gesättigten Pläne von PLACKETT und BURMAN, übersättigter Pläne (Methode der zufälligen Balance) sowie von Plänen zum sequentiellen „Aussieben".

In Abschnitt 3.3.6. wurde die Blockbildung bei VFV 2^k bzw. TFV 2^{k-p} kurz beschrieben. Von noch größerer Bedeutung ist die Aufspaltung von Versuchsplänen 2. Ordnung in Blöcke, da diese Versuchspläne i. allg. eine größere Versuchsanzahl besitzen (siehe BOX/HUNTER [1]).

4. Versuchsplanung zur Diskrimination von Regressionsansätzen

4.1. Problemstellung

Für die Versuchsplanung zur Schätzung der Wirkungsfläche wurde im zweiten Kapitel stets vorausgesetzt, daß ein wahrer Ansatz bekannt und gegeben sei. Im dritten Kapitel wurden für die Wirkungsfläche Polynome als Ansätze betrachtet, wobei eine adäquate Beschreibung von $\eta(\boldsymbol{x})$ gefordert wurde, d. h., es wurde der Approximationscharakter der Ansätze betont. Die Entscheidung, ob ein gewählter Ansatz $\tilde{\eta}(\boldsymbol{x}, \boldsymbol{\Theta})$ adäquat ist, wurde durch einen entsprechenden Test gefällt (vgl. Abschnitt 3.3.2. und 3.3.3.). Häufig sind mehrere Ansätze für $\eta(\boldsymbol{x})$ bekannt, die für eine hinreichend gute Beschreibung der Wirkungsfläche in Frage kommen.

In dem einfachen Fall, daß in einem gegebenen Funktionenvektor $\boldsymbol{f}(\boldsymbol{x})$ ein Teilvektor $\boldsymbol{f}_1(\boldsymbol{x})$ gesucht wird, so daß der Ansatz $\boldsymbol{f}_1(\boldsymbol{x})' \boldsymbol{\Theta}$ die Wirkungsfläche bereits hinreichend gut approximiert, bieten sich z. B. die bekannten Verfahren der Rückwärts- und Vorwärtselimination an (vgl. z. B. ENDERLEIN [1], DRAPER/SMITH [1] und ANDERSON [1]).

Im allgemeinen ist eine Anzahl möglicher Ansätze $\tilde{\eta}^{(i)}(\boldsymbol{x}, \boldsymbol{\Theta}^{(i)})$, $i = 1, \ldots, q$ gegeben, während die anderen

Größen des Regressionsmodells (d. h. $\boldsymbol{B}_{\mathfrak{Y}}$, V, H) als für alle Ansätze gleich angenommen werden. Die so definierten *konkurrierenden* Modelle unterscheiden sich also nur im Ansatz.

Nach der Realisierung eines Beobachtungsvektors $\mathfrak{Y}$ wird einer der gegebenen Ansätze nach einem vorher festgelegten Kriterium, in vielen Fällen durch einen Test, als *bester Ansatz* (bezüglich des Kriteriums) ausgewählt. Dieser Ansatz wird der weiteren Untersuchung, z. B. der Schätzung der Wirkungsfläche, zugrunde gelegt. Meist wird bei der mathematischen Behandlung vorausgesetzt, daß mindestens einer der gegebenen Ansätze wahr ist, und es wird häufig darüber hinaus angenommen, daß der so ermittelte beste Ansatz ein wahrer ist.

Bei den Verfahren zur Entscheidung über die Ansätze wird die Abhängigkeit dieser Entscheidung von der Lage der Versuchspunkte gegenwärtig nur selten berücksichtigt. Die folgenden Überlegungen sollen die Bedeutung der Versuchspunkte für diese Entscheidung veranschaulichen.

Für die Wirkungsfläche $\eta(x)$ seien die Ansätze $\tilde{\eta}^{(1)}(x, \Theta^{(1)})$ und $\tilde{\eta}^{(2)}(x, \Theta^{(2)})$ gegeben. Nach einem bestimmten Kriterium (z. B. durch ein geeignetes Schätzverfahren) werde für jede Schar ein Parametervektor $\vartheta^{(1)}$ bzw. $\vartheta^{(2)}$ ausgewählt. In Abbildung 4.1. wurde ein möglicher Verlauf der entsprechenden Kurven dargestellt. Für Abszissenwerte, die kleiner als x_0 sind, ist nur eine geringe Differenz zwischen $\left(\eta(x) - \tilde{\eta}^{(1)}(x, \vartheta^{(1)})\right)$ und $\left(\eta(x) - \tilde{\eta}^{(2)}(x, \vartheta^{(2)})\right)$ zu erwarten. Liegen die Versuchspunkte vorwiegend in diesem Bereich, so werden für das Erkennen dieser geringen Unterschiede sehr viele Versuche notwendig sein. Sind die Abszissenwerte jedoch größer als x_0, so weichen die Funktionen $\tilde{\eta}^{(1)}(x, \vartheta^{(1)})$ und $\tilde{\eta}^{(2)}(x, \vartheta^{(2)})$ stark voneinander ab, man wird deshalb zur Entscheidung für den besten Ansatz wesentlich weniger Versuche benötigen.

Der Experimentator kennt zwar die Eigenschaften der Funktionen des Regressionsansatzes, aber er kennt die Wirkungsfläche $\eta(\boldsymbol{x})$ nicht. Deshalb kann man von vornherein nicht den Teilbereich in V festlegen, in dem eine wesentliche Unterscheidung der Ansätze zu erwarten ist, d. h. den Teilbereich, in dem die Differenzen $\big(\eta(\boldsymbol{x}) - \tilde{\eta}^{(1)}(\boldsymbol{x}, \boldsymbol{\Theta}^{(1)})\big)$ und $\big(\eta(\boldsymbol{x}) - \tilde{\eta}^{(2)}(\boldsymbol{x}, \boldsymbol{\Theta}^{(2)})\big)$ sehr unterschiedlich sein werden.

Für die Planung von Versuchen zur Diskrimination von Regressionsansätzen erweist sich in den meisten Fällen eine sequentielle Vorgehensweise als vorteilhaft (Abschnitt 4.2.). Man geht dabei von einem nicht notwendig optimalen Versuchsplan aus und bestimmt die Lage des nächsten Versuchspunktes so, daß ein geeignet gewähltes Auswahlkriterium (meist ein Optimalitätskriterium) erfüllt ist. Auf jeder Stufe des Sequentialverfahrens betrachtet man außerdem noch ein Kriterium, nach dem entschieden wird, ob man aus den konkurrierenden Ansätzen bereits einen als besten auswählen kann und wie diese Auswahl vorzunehmen ist.

Sind zur Approximation der Wirkungsfläche $\eta(\boldsymbol{x})$ genau q Regressionsansätze $\tilde{\eta}^{(i)}(\boldsymbol{x}, \boldsymbol{\Theta}^{(i)})$ $(i = 1, \ldots, q)$ gegeben, wobei genau einer dieser Ansätze der wahre Ansatz für $\eta(\boldsymbol{x})$ sei, dann kann die Konstruktion von Versuchsplänen

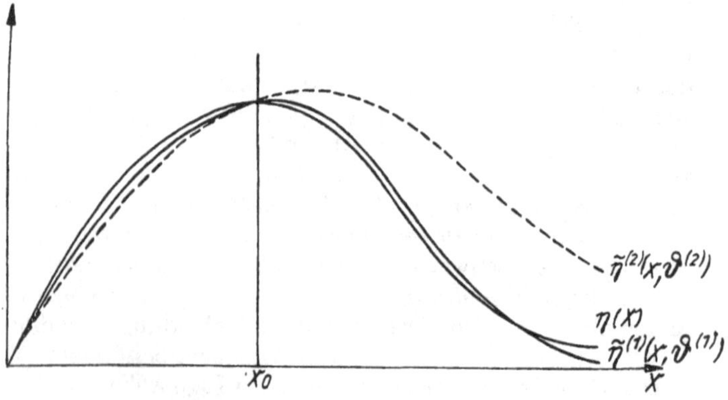

Abb. 4.1. Abhängigkeit der Entscheidung über die Ansätze von der Lage der Versuchspunkte

zur Diskrimination von Regressionsansätzen durch folgende Schritte charakterisiert werden:

1. Die ersten n Versuche werden nach einem noch weitgehend beliebigen Versuchsplan durchgeführt, der lediglich den Anlauf des folgenden Sequentialverfahrens ermöglichen muß. Meist ist der Plan so zu wählen, daß für jeden der gegebenen Ansätze die Parameter geschätzt werden können.

2. Auf Grund der n Versuchsergebnisse wird mit einem Entscheidungskriterium geprüft (z. B. durch einen Test), ob es bereits möglich ist, einen der Ansätze als besten auszuwählen, oder ob weitere Versuche für die Entscheidung über $\eta^{(i)}(\boldsymbol{x}, \boldsymbol{\Theta}^{(i)})$ benötigt werden. In das Entscheidungskriterium wird im allgemeinen eine Stoppregel einbezogen, in die z. B. die Versuchskosten eingehen können.

3. War nach Schritt 2 die Auswahl des besten Ansatzes möglich, dann endet das Verfahren. Müssen noch weitere Versuche durchgeführt werden, wird unter Verwendung der n Versuchsergebnisse nach einem Optimalitätskriterium der $(n + 1)$-te Versuchspunkt ausgewählt.

4. In dem neuen Versuchspunkt $\boldsymbol{x}_{n+1}$ wird der $(n + 1)$-te Versuch durchgeführt, also die Zielgröße $Y(\boldsymbol{x}_{n+1})$ realisiert. Wie bei Schritt 2 wird geprüft, ob die Entscheidung für den besten Ansatz möglich ist usw.

Damit ist die erste Stufe eines sequentiellen Verfahrens zur Konstruktion eines optimalen Versuchsplanes abgeschlossen, und man kann in einer zweiten Stufe zur Schätzung der Parameter übergehen. Die bekanntesten Verfahren zur Diskrimination von Ansätzen unterscheiden sich im wesentlichen in

1. der Anzahl der zur Konkurrenz zugelassenen Ansätze,
2. dem Optimalitätskriterium zur Auswahl des Versuchspunktes $\boldsymbol{x}_{n+1}$,
3. dem Entscheidungskriterium zur Auswahl des besten Ansatzes bzw. in der Stoppregel des Verfahrens.

Einige Möglichkeiten zur geeigneten Wahl des Optimalitätskriteriums und des Entscheidungskriteriums sollen in den folgenden Abschnitten beschrieben werden.[1]) Es handelt sich dabei um zum Teil noch wenig erprobte Vorschläge für Verfahren, deren statistische Eigenschaften noch unzureichend erforscht sind oder deren entscheidungstheoretische Grundlage hier nicht dargestellt werden kann. Dabei wird im Abschnitt 4.3. auch ein Verfahren vorgestellt, das nicht sequentiell vorgeht und damit auch nicht durch die vier Schritte charakterisiert werden kann, aber trotzdem eine Entscheidung über konkurrierende Regressionsansätze ermöglicht. Bei der Erläuterung der Kriterien wird besonderer Wert auf eine ausführliche Behandlung des Aspektes der Versuchsplanung gelegt, d. h., es wird weniger auf die Kriterien zur Ansatzdiskrimination eingegangen. Diese Kriterien werden in der Literatur ausführlich behandelt und sind gegebenenfalls nachzuschlagen (vgl. z. B. ANDERSON [1], DRAPER/SMITH [1]). Die Planung von Versuchen zur Ansatzdiskrimination wurde erst in jüngster Zeit ein stärker beachtetes Teilgebiet der optimalen Versuchsplanung (vgl. z. B. ATKINSON/COX [1], FEDOROV [4], [6]).

4.2. *Optimalitätskriterien*

4.2.1. *Differenz der Varianzen*

Für die Wirkungsfläche $\eta(\boldsymbol{x})$ mögen nur zwei konkurrierende Ansätze

$$\tilde{\eta}^{(1)}(\boldsymbol{x}, \Theta^{(1)}), \quad \tilde{\eta}^{(2)}(\boldsymbol{x}, \Theta^{(2)}) \tag{4.1}$$

vorliegen, von denen genau einer wahr sei. Weiterhin wird vorausgesetzt, daß der Beobachtungsvektor $\mathfrak{Y}$ für alle Umfänge normalverteilt sei, daß seine Komponenten unabhängig seien und gleiche Varianz σ^2 haben. Der

[1]) Führt man die Auswahl des besten Ansatzes mit einem Test durch (z. B. mit einem der Teste aus Abschnitt 3.3.2. oder 3.3.3.), dann erkennt man, daß die Testgröße vom Versuchsplan V_n abhängt. Damit läßt sich aber auch die Gütefunktion des Testes durch die Wahl von V_n beeinflussen. Auf die Problematik soll hier aber nicht eingegangen werden (vgl. z. B. KIEFER [1]).

Versuchsplan V_n sei so gewählt, daß in beiden Ansätzen eine eindeutige Schätzung des Parametervektors nach der Methode der kleinsten Quadrate möglich ist, diese Schätzungen werden mit $\hat{\Theta}^{(1)}(V_n)$ bzw. mit $\hat{\Theta}^{(2)}(V_n)$ bezeichnet.

Als Grundlage der Entscheidung für einen der Ansätze werden die Summen der quadratischen Abweichungen

$$S_i(V_n) = \sum_{j=1}^{n} \left(Y(\boldsymbol{x}_j) - \tilde{\eta}^{(i)}\left(\boldsymbol{x}_j, \hat{\Theta}^{(i)}(V_n)\right)\right)^2; \quad i = 1, 2 \tag{4.2}$$

(das sind bis auf Konstanten die entsprechenden Restvarianzen) herangezogen. Entsprechend den Überlegungen aus Abschnitt 4.1. wird der Ansatz mit der kleineren Restvarianz bevorzugt. Wenn also das Ereignis $S_1(V_n) - S_2(V_n) > 0$ eintritt, dann wird $\tilde{\eta}^{(2)}(\boldsymbol{x}, \Theta^{(2)})$ als bester Ansatz gewählt, und wenn $S_1(V_n) - S_2(V_n) < 0$ eintritt, dann wird entsprechend $\tilde{\eta}^{(1)}(\boldsymbol{x}, \Theta^{(1)})$ zum besten Ansatz erklärt. Das Ereignis $S_1(V_n) - S_2(V_n) = 0$ hat bei den obigen Voraussetzungen die Wahrscheinlichkeit 0 und kann unberücksichtigt bleiben.

Es sind im vorliegenden Fall zwei verschiedene Fehlentscheidungen möglich: Der Ansatz $\tilde{\eta}^{(2)}(\boldsymbol{x}, \Theta^{(2)})$ wird gewählt, obwohl $\tilde{\eta}^{(1)}(\boldsymbol{x}, \Theta^{(1)})$ der wahre Ansatz ist, oder es wird $\tilde{\eta}^{(1)}(\boldsymbol{x}, \Theta^{(1)})$ gewählt, obwohl $\tilde{\eta}^{(2)}(\boldsymbol{x}, \Theta^{(2)})$ wahr ist. Die Wahrscheinlichkeiten α bzw. β für diese Fehlentscheidungen hängen über die Verteilungen der Entscheidungsgröße $S_1(V_n) - S_2(V_n)$ in den beiden Modellen auch vom Versuchsplan V_n ab. Man könnte z. B. im konkreten Fall versuchen, eine Funktion dieser Wahrscheinlichkeiten durch die Wahl des Versuchsplans möglichst klein zu gestalten.

Hat man die Möglichkeit, nach Durchführung eines $V_n = (\boldsymbol{x}_1, \ldots, \boldsymbol{x}_n)$ und vor einer Entscheidung über die Ansätze noch weitere Versuche zu machen, dann könnte man das Entscheidungskriterium in geeigneter Weise modifizieren, etwa in der folgenden Weise.

Es seien A und B vorgegebene positive Zahlen. Tritt das Ereignis

$$S_1(V_n) - S_2(V_n) \leqq -A \tag{4.3}$$

ein, dann wählt man $\tilde{\eta}^{(1)}(\boldsymbol{x}, \boldsymbol{\Theta}^{(1)})$ als besten Ansatz, für

$$S_1(V_n) - S_2(V_n) \geqq B \tag{4.4}$$

wählt man $\tilde{\eta}^{(2)}(\boldsymbol{x}, \boldsymbol{\Theta}^{(2)})$ als besten Ansatz, und schließlich wenn

$$-A < S_1(V_n) - S_2(V_n) < B \tag{4.5}$$

eintritt, dann wählt man einen neuen Punkt $\boldsymbol{x}_{n+1}$, den man zu V_n hinzunimmt und wiederholt das Verfahren mit dem so erweiterten Plan V_{n+1} anstelle von V_n. Die Festlegung der Konstanten A und B erfolgt in Abhängigkeit von den Fehlerwahrscheinlichkeiten α und β, die das Verfahren nicht überschreiten soll (vgl. hierzu Anderson [1], Lehmann [1]).

Wegen der Abhängigkeit der Entscheidungsgrößen in (4.3) bis (4.5) vom jeweiligen Versuchsplan hängt die Güte des Verfahrens auch von den Versuchsplänen $V_n, V_{n+1}, \ldots$ ab, die im Laufe des sequentiellen Vorgehens gebildet werden. Diese Abhängigkeit kann man benutzen, um die Anzahl der Schritte des Sequentialverfahrens, die bis zur Entscheidung für einen der beiden Ansätze erforderlich sind, günstig zu beeinflussen. Dazu wird man den nächsten Versuchspunkt so festlegen, daß eine große Differenz zwischen den Realisierungen der entsprechenden Restvarianzen zu erwarten ist (für den in Abbildung 4.1. dargestellten Spezialfall würde man $x_{n+1} > x_0$ wählen).

Die Restvarianzen im nächsten Schritt nach Durchführung des Planes V_n haben die Form $(i = 1, 2)$

$$S_i(\boldsymbol{x}_{n+1}, V_n) = \sum_{j=1}^{n} \left(y(\boldsymbol{x}_j) - \tilde{\eta}^{(i)}\left(\boldsymbol{x}_j, \hat{\boldsymbol{\Theta}}^{(i)}(V_{n+1})\right)\right)^2 + \left(Y(\boldsymbol{x}_{n+1}) - \tilde{\eta}^{(i)}\left(\boldsymbol{x}_{n+1}, \hat{\boldsymbol{\Theta}}^{(i)}(V_{n+1})\right)\right)^2, \tag{4.6}$$

dabei ist die Schätzung $\hat{\Theta}^{(i)}(V_{n+1})$ jeweils mit dem Beobachtungsvektor $(y(\boldsymbol{x}_1), \ldots, y(\boldsymbol{x}_n), Y(\boldsymbol{x}_{n+1}))'$ zu bilden.

Damit ist aber die Differenz der Restvarianzen, aus der man $\boldsymbol{x}_{n+1}$ bestimmen möchte, eine Zufallsgröße. Deshalb bildet man den Erwartungswert bezüglich der Verteilung des Stichprobenvektors unter der Annahme, daß der Ansatz $\tilde{\eta}^{(i)}(\boldsymbol{x}, \Theta^{(i)})$ $(i = 1, 2)$ wahr ist (dieser Erwartungswert werde mit E_i bezeichnet). Da jeder der beiden Ansätze wahr sein kann, müssen diese gleichberechtigt behandelt werden. Das führt zu folgendem Kriterium für die Auswahl des nächsten Versuchspunktes. Gibt es einen Punkt $\boldsymbol{x}^* \in V$, für den gleichzeitig

$$\max_{\boldsymbol{x} \in V} E_1[S_2(\boldsymbol{x}, V_n) - S_1(\boldsymbol{x}, V_n)] = E_1[S_2(\boldsymbol{x}^*, V_n) - S_1(\boldsymbol{x}^*, V_n)] \tag{4.7}$$

und

$$\max_{\boldsymbol{x} \in V} E_2[S_1(\boldsymbol{x}, V_n) - S_2(\boldsymbol{x}, V_n)] = E_2[S_1(\boldsymbol{x}^*, V_n) - S_2(\boldsymbol{x}^*, V_n)] \tag{4.8}$$

gilt, dann hat man einen Punkt $\boldsymbol{x}_{n+1}$ gefunden, für den unabhängig davon, welcher Ansatz wahr ist, die Ereignisse (4.3) und (4.4), die den Abbruch des Verfahrens bedeuten, bevorzugt werden. Nach FEDOROV [3] kann man für den in (4.7) auftretenden Erwartungswert die folgende Zerlegung ausnutzen.

$$E_1[S_2(\boldsymbol{x}, V_n) - S_1(\boldsymbol{x}, V_n)] = s_2(V_n) - s_1(V_n) + g(\boldsymbol{x}, V_n)$$

mit

$$g(\boldsymbol{x}, V_n) = \left\{\left(\tilde{\eta}^{(1)}(\boldsymbol{x}, \hat{\vartheta}^{(1)}(V_n)) - \tilde{\eta}^{(2)}(\boldsymbol{x}, \hat{\vartheta}^{(2)}(V_n))\right) + (D^2\hat{Y}^{(1)} - D^2\hat{Y}^{(2)})\right\} \cdot (D^2\hat{Y}^{(2)} + \sigma^2)^{-1}$$

wobei $D^2\hat{Y}^{(i)} = D^2\left(\bar{\eta}^{(i)}\left(\boldsymbol{x}, \hat{\boldsymbol{\Theta}}^{(i)}(V_n)\right)\right)$ $(i = 1, 2)$ bezeichnet, d. h. also die Varianzfunktionen für die verschiedenen Ansätze. Damit ist die Forderung (4.7) äquivalent zu

$$\max_{\boldsymbol{x} \in V} g(\boldsymbol{x}, V_n) = g(\boldsymbol{x}^*, V_n).$$

Analog läßt sich auch für den in (4.8) auftretenden Erwartungswert eine Zerlegung angeben. Durch Anwendung dieser Zerlegung läßt sich zeigen, daß (4.7) und (4.8) nicht mehr vom Versuchsergebnis $Y(\boldsymbol{x}_{n+1})$ abhängen.

Einen solchen, für (4.7) und (4.8) gültigen Punkt $\boldsymbol{x}^*$ gibt es aber nur selten, und deshalb ist es sinnvoll, den nächsten Versuchspunkt mit einem Kriterium der Form

$$\max_{\boldsymbol{x} \in V} \{v_1 E_1[S_2(\boldsymbol{x}, V_n) - S_1(\boldsymbol{x}, V_n)] + v_2 E_2[S_1(\boldsymbol{x}, V_n) - S_2(\boldsymbol{x}, V_n)]\} \quad (4.9)$$

festzulegen. Dabei sind v_1 und v_2 spezielle Gewichtsfunktionen, die von den Fehlerwahrscheinlichkeiten α und β abhängen. Wenn beide Wahrscheinlichkeiten gleich sein sollen, dann bestimmt man die Gewichte aus (vgl. Fedorov [3])

$$v_i = c \exp\{-s_i(V_n)/2\}; \quad i = 1, 2. \quad (4.10)$$

In der genannten Arbeit wird das vorliegende Verfahren für den allgemeinen Fall untersucht, daß die Kovarianzmatrix die Form $\boldsymbol{B}_{\mathfrak{Y}} = \sigma^2 \boldsymbol{D}$ hat, wobei $\boldsymbol{D}$ eine bekannte Diagonalmatrix mit den Elementen $\delta_{ij}\lambda(\boldsymbol{x}_i)$ ist, und daß nicht nur ein, sondern k neue Versuchspunkte hinzugenommen werden.

4.2.2. Likelihood-Quotient

Für die Wirkungsfläche $\eta(\boldsymbol{x})$ seien wie im Abschnitt 4.2.1. die beiden konkurrierenden Ansätze

$$\bar{\eta}^{(1)}(\boldsymbol{x}, \boldsymbol{\Theta}^{(1)}); \quad \bar{\eta}^{(2)}(\boldsymbol{x}, \boldsymbol{\Theta}^{(2)})$$

gegeben. Der Beobachtungsvektor $\mathfrak{Y}$ zum Versuchsplan V_n sei normalverteilt mit der Kovarianzmatrix $\boldsymbol{B}_{\mathfrak{Y}} = \sigma^2 \boldsymbol{E}_n$. Für eine Realisierung $\mathfrak{y}$ von $\mathfrak{Y}$ erhält man für die beiden Ansätze die zugehörigen Likelihoodfunktionen

$$L_n^{(i)}(\mathfrak{y}, \Theta^{(i)}) = (2\pi\sigma^2)^{-n/2} \times \exp\left\{-\frac{1}{2\sigma^2} \sum_{j=1}^{n} \left(y(\boldsymbol{x}_j) - \bar{\eta}^{(i)}(\boldsymbol{x}_j, \Theta^{(i)})\right)^2\right\}; \quad i = 1, 2 \tag{4.11}$$

Die Schätzungen für $\Theta^{(1)}$ und $\Theta^{(2)}$ nach der Maximum-Likelihoodmethode sollen mit $\hat{\Theta}^{(1)}(V_n)$ und $\hat{\Theta}^{(2)}(V_n)$ bezeichnet werden. Sie stimmen wegen der vorausgesetzten Normalverteilung mit den MKQ-Schätzungen überein.

Durch Cox (vgl. Cox [1]) wurde die folgende Form des NEYMAN-PEARSONschen Likelihood-Quotienten eingeführt

$$Q_L = \frac{L_n^{(2)}\left(\mathfrak{y}, \hat{\Theta}^{(2)}(V_n)\right)}{L_n^{(1)}\left(\mathfrak{y}, \hat{\Theta}^{(1)}(V_n)\right)} = \frac{\exp\left\{-\frac{1}{2\sigma^2} \sum_{j=1}^{n} \left(y(\boldsymbol{x}_j) - \bar{\eta}^{(2)}\left(\boldsymbol{x}_j, \hat{\Theta}^{(2)}(V_n)\right)\right)^2\right\}}{\exp\left\{-\frac{1}{2\sigma^2} \sum_{j=1}^{n} \left(y(\boldsymbol{x}_j) - \bar{\eta}^{(1)}\left(\boldsymbol{x}_j, \hat{\Theta}^{(1)}(V_n)\right)\right)^2\right\}}. \tag{4.12}$$

Will man mit (4.12) ein Entscheidungskriterium zur Auswahl des besten Ansatzes konstruieren, dann ersetzt man in (4.11) die Varianz σ^2 und die Parameter durch die entsprechenden Maximum-Likelihood-Schätzwerte s_1^2 bzw. s_2^2 und $\hat{\vartheta}^{(1)}(V_n)$ bzw. $\hat{\vartheta}^{(2)}(V_n)$. Entsprechend (4.12) ergibt sich dann der Quotient

$$q_s = \frac{s_1^n \exp\left\{-\frac{1}{2s_2^2} \sum_{j=1}^{n} \left(y(\boldsymbol{x}_j) - \bar{\eta}^{(2)}\left(\boldsymbol{x}_j, \hat{\vartheta}^{(2)}(V_n)\right)\right)^2\right\}}{s_2^n \exp\left\{-\frac{1}{2s_1^2} \sum_{j=1}^{n} \left(y(\boldsymbol{x}_j) - \bar{\eta}^{(1)}\left(\boldsymbol{x}_j, \hat{\vartheta}^{(1)}(V_n)\right)\right)^2\right\}}. \tag{4.13}$$

Nach Wahl eines von den Fehlerwahrscheinlichkeiten α und β (vgl. Abschnitt 4.2.1.) abhängigen Wertes $q(\alpha, \beta)$ kann man die Entscheidung treffen:

Wenn $q_s > q(\alpha, \beta)$ ausfällt, wählt man $\bar{\eta}^{(1)}(\boldsymbol{x}, \Theta^{(1)})$ als besten Ansatz, wenn $q_s < q(\alpha, \beta)$ eintritt, wählt man $\bar{\eta}^{(2)}(\boldsymbol{x}, \Theta^{(2)})$. Für den Übergang zum sequentiellen Vorgehen wählt man zwei Konstanten $q_1(\alpha, \beta)$ und $q_2(\alpha, \beta)$ und entscheidet folgendermaßen:

Im Falle $q_s \geqq q_1(\alpha, \beta)$ wählt man $\bar{\eta}^{(1)}(\boldsymbol{x}, \Theta^{(1)})$, für $q_s \leqq q_2(\alpha, \beta)$ wählt man $\bar{\eta}^{(2)}(\boldsymbol{x}, \Theta^{(2)})$ und wenn schließlich $q_2(\alpha, \beta) < q_s < q_1(\alpha, \beta)$ ausfällt, dann bestimmt man einen neuen Punkt $\boldsymbol{x}_{n+1}$, bildet den durch $\boldsymbol{x}_{n+1}$ erweiterten Plan V_{n+1} und wiederholt das Verfahren mit V_{n+1} anstelle von V_n. Zur praktischen Durchführung dieses Testes und zur Wahl von $q_1(\alpha, \beta)$ und $q_2(\alpha, \beta)$ vergleiche z. B. Wald [2].

Um zu einem Auswahlkriterium für den nächsten Versuchspunkt $\boldsymbol{x}_{n+1}$ zu gelangen, kann man bezüglich der Verteilung des Stichprobenvektors den Erwartungswert der Zufallsgröße $\ln Q_s$ betrachten, die $\ln q_s$ (vgl. (4.13)) entspricht. Da aber dieser Ausdruck vom Ergebnis $Y(\boldsymbol{x}_{n+1})$ des $(n + 1)$-ten Versuchs abhängt, benutzt man anstelle von $Y(\boldsymbol{x}_{n+1})$ einen Vorhersagewert $\bar{\eta}^{(i)}(\boldsymbol{x}_{n+1}, \hat{\vartheta}^{(i)}(V_n))$, wobei man annehmen muß, daß der i-te Ansatz wahr sei. Als nächster Versuchspunkt müßte nun ein Punkt $\boldsymbol{x}^*$ so ausgewählt werden, daß sowohl $E_2 \ln Q_s$ als auch $E_1(-\ln Q_s)$ maximal wird. So ein Punkt $\boldsymbol{x}^*$ wird aber nur selten existieren, deshalb wird als Auswahlkriterium für den nächsten Versuchspunkt $\boldsymbol{x}_{n+1}$ empfohlen, denjenigen Punkt $\boldsymbol{x}^*$ zu wählen, für den der Abstand der Schätzungen der Wirkungsfläche maximal ist, d. h.

$$\max_{\boldsymbol{x} \in V} \left[\bar{\eta}^{(1)}\left(\boldsymbol{x}, \hat{\vartheta}^{(1)}(V_n)\right) - \bar{\eta}^{(2)}\left(\boldsymbol{x}, \hat{\vartheta}^{(2)}(V_n)\right)\right]^2$$
$$= \left[\bar{\eta}^{(1)}\left(\boldsymbol{x}^*, \hat{\vartheta}^{(1)}(V_n)\right) - \bar{\eta}^{(2)}\left(\boldsymbol{x}^*, \hat{\vartheta}^{(2)}(V_n)\right)\right]^2. \quad (4.14)$$

Eine Modifikation dieses Verfahrens findet man in Fedorov [3]. Einige Beispiele zu diesem Verfahren sind in Hunter/Reiner [1] enthalten.

4.2.3. Entropie

Für die Wirkungsfläche $\eta(\boldsymbol{x})$ seien eine endliche Anzahl q konkurrierender Ansätze $\tilde{\eta}^{(i)}(\boldsymbol{x}, \Theta^{(i)})$ $(i = 1, \ldots, q)$ gegeben. Für jeden von ihnen sei eine Wahrscheinlichkeit P_i dafür bekannt, daß gerade $\tilde{\eta}^{(i)}(\boldsymbol{x}, \Theta^{(i)})$ der wahre oder der zur Beschreibung der Wirkungsfläche am besten geeignete Ansatz ist. Wenn alle q Ansätze a priori gleichberechtigt sind, d. h., wenn keiner der Ansätze bevorzugt werden soll, denn setzt man $P_1 = P_2 = \cdots = P_q = 1/q$.

Nach der Realisierung eines Versuchsplans V_n erhält man über die BAYESsche Formel a-posteriori-Wahrscheinlichkeiten $P_{i,n}$; $i = 1, \ldots, q$ die man zur Grundlage einer Entscheidung über die Ansätze heranziehen kann. So könnte man z. B. denjenigen Ansatz $\tilde{\eta}^{(\nu)}(\boldsymbol{x}, \Theta^{(\nu)})$ als besten wählen, für den

$$P_{\nu,n} = \max_i P_{i,n} \tag{4.15}$$

ausfällt. Sind die a-posteriori-Wahrscheinlichkeiten nur wenig voneinander verschieden, dann wird das Kriterium (4.15) nicht befriedigen. Da sich diese Wahrscheinlichkeiten nach jedem weiteren Versuch ändern werden, liegt die Verwendung eines Sequentialverfahrens nahe, wobei die a-posteriori-Wahrscheinlichkeiten jeweils als a-priori-Wahrscheinlichkeiten für den nächsten Schritt verwendet werden.

Sind bereits n Versuche durchgeführt worden und sei der i-te Ansatz der wahre Ansatz $\left(\tilde{\eta}^{(i)}(\boldsymbol{x}, \Theta^{(i)}) = \eta(\boldsymbol{x})\right)$, dann ist das Ergebnis des $(n+1)$-ten Versuches an der festen, aber beliebigen Stelle $\boldsymbol{x}$ ebenfalls normalverteilt mit dem Erwartungswert $E_i Y(\boldsymbol{x}) = \tilde{\eta}^{(i)}(\boldsymbol{x}, \Theta^{(i)})$ und der Varianz $D^2 Y(\boldsymbol{x}) = \sigma^2$.

Entsprechend einer BAYESschen Betrachtungsweise wählt man nun, falls $\tilde{\eta}^{(i)}(\boldsymbol{x}, \Theta^{(i)})$ mindestens approximativ linear in $\Theta^{(i)}$ ist, für $\Theta^{(i)}$ eine a-priori-Gleichverteilung, d. h., es werden in der Menge aller möglichen Parametervektoren keine Vektoren bevorzugt. Dann erhält man für die a-posteriori-Verteilung von $\tilde{\eta}^{(i)}(\boldsymbol{x}, \Theta^{(i)})$ ebenfalls eine Normalverteilung mit dem Erwartungswert $E\tilde{\eta}^{(i)}(\boldsymbol{x}, \Theta^{(i)}) = \tilde{\eta}^{(i)}\left(\boldsymbol{x}, \hat{\vartheta}^{(i)}(V_n)\right)$ und der Varianz $D^2\left(\tilde{\eta}^{(i)}(\boldsymbol{x}, \hat{\Theta}^{(i)}(V_n)\right)$, wenn man der Berechnung dieser Verteilung eine Realisierung $\mathfrak{y}$ des Stichprobenvektors zugrunde legt.

Durch eine stetige Verallgemeinerung der Formel für die totale Wahrscheinlichkeit erhält man nun die Wahrscheinlichkeitsdichte für die Vorhersage $Y(\boldsymbol{x})$ an der festen, aber beliebigen Stelle $\boldsymbol{x}$ unter der Bedingung, daß die Realisierung $\mathfrak{y}$ vorliegt und der i-te Ansatz wahr sei, in der Form

$$p_i(y/\mathfrak{y}) = \frac{1}{\sqrt{2\pi(\sigma^2 + s_i^2)}}$$

$$\times \exp\left\{-\frac{1}{2(\sigma^2 + s_i^2)}\left(y - \tilde{\eta}^{(i)}\left(\boldsymbol{x}, \hat{\vartheta}^{(i)}(V_n)\right)\right)^2\right\}, \quad (4.16)$$

wobei mit s_i^2 der Funktionswert der Varianzfunktion von $\tilde{\eta}^{(i)}\left(\boldsymbol{x}, \hat{\Theta}^{(i)}(V_n)\right)$ an der Stelle $\boldsymbol{x}$ bezeichnet wurde. Die Funktion $\tilde{\eta}^{(i)}\left(\boldsymbol{x}, \hat{\vartheta}^{(i)}(V_n)\right)$ und die Werte s_i^2 $(i = 1, \ldots, q)$ berechnet man aus den vorliegenden Ergebnissen der ersten n Versuche. Die totale Wahrscheinlichkeitsdichte $p(y/\mathfrak{y})$ für $Y(\boldsymbol{x})$ ergibt sich dann gemäß

$$p(y/\mathfrak{y}) = \sum_{i=1}^{q} P_{i,n} p_i(y/\mathfrak{y}) . \quad (4.17)$$

Nach Durchführung des $(n + 1)$-ten Versuches kann man die a-posteriori-Wahrscheinlichkeiten für die Ansätze mit der Realisierung $y(\boldsymbol{x}_{n+1}) = y_{n+1}$ mit (4.16) und (4.17) bestimmen durch

$$P_{i,n+1} = \frac{P_{i,n} p_i(y_{n+1}/\mathfrak{y})}{p(y_{n+1}/\mathfrak{y})} . \quad (4.18)$$

Bei der Auswahl des nächsten Versuchspunktes $\boldsymbol{x}_{n+1}$ soll ein zentraler Begriff der Informationstheorie herangezogen werden. Seien $P_1, \ldots, P_q$ die Wahrscheinlichkeiten für eine vollständige Zerlegung des sicheren Ereignisses. Dann wird

$$h = -\sum_{i=1}^{q} P_i \ln P_i \tag{4.19}$$

nach Shannon als Maß für die Entropie benutzt. Im Fall der Diskrimination von Regressionsansätzen wären die P_i als die a-priori-Wahrscheinlichkeiten für die Ansätze zu deuten.[1] Für $P_i = 1/q$ $(i = 1, \ldots, q)$ nimmt h seinen maximalen Wert an. Führt man Versuche durch, so erhält man bestimmte Informationen, dadurch wird aber die Entropie, das Maß der Unbestimmtheit im allgemeinen kleiner, d. h., die $P_{i,n}$ werden unterschiedlicher. Man wird daher den nächsten Versuchspunkt so zu wählen trachten, daß eine möglichst große Entropieänderung erreicht wird.

Sei mit $\Delta h(\boldsymbol{x}, V_n)$ die erwartete Änderung der Entropie (nach dem n-ten Versuch) durch den $(n + 1)$-ten Versuch bezeichnet, dann gilt

$$\Delta h(\boldsymbol{x}, V_n) = -\sum_{i=1}^{q} P_{i,n} \ln P_{i,n} - (-1)\int_{-\infty}^{\infty} \left(\sum_{i=1}^{q} P_{i,n+1} \ln P_{i,n+1}\right) p(y/\mathfrak{y})\, dy. \tag{4.20}$$

Setzt man nun (4.18) in (4.20) ein, so ergibt sich

$$\Delta h(\boldsymbol{x}, V_n) = \sum_{i=1}^{q} P_{i,n} \int_{-\infty}^{\infty} p_i(y/\mathfrak{y}) \ln \frac{p_i(y/\mathfrak{y})}{p(y/\mathfrak{y})}\, dy. \tag{4.21}$$

---

[1] Dies verlangt, daß die Ansätze disjunkt sind. Wird diese Voraussetzung nicht erfüllt, führt das vorliegende Verfahren zur Diskrimination von Ansätzen nicht immer zum gewünschten Erfolg.

Als Auswahlregel könnte man nun vorgeben:
Wähle $\boldsymbol{x}_{n+1} = \boldsymbol{x}^*$ mit

$$\max_{\boldsymbol{x} \in V} \Delta h(\boldsymbol{x}, V_n) = \Delta h(\boldsymbol{x}^*, V_n). \tag{4.22}$$

Wegen der numerischen Schwierigkeiten bei der Behandlung von (4.21) benutzen Box und Hill jedoch nicht (4.22), sondern gehen mit der Ungleichung von Kullback (vgl. Kullback [1]),

$$p_i(y/\mathfrak{y}) \ln \frac{p_i(y/\mathfrak{y})}{p(y/\mathfrak{y})} \leqq \sum_{l=1}^{n} P_{l,n} p_i(y/\mathfrak{y}) \ln \frac{p_i(y/\mathfrak{y})}{p_l(y/\mathfrak{y})} \tag{4.23}$$

zu einer oberen Schranke

$$\overline{\Delta h}(\boldsymbol{x}, V_n) = \sum_{i=1}^{q} \sum_{j=i+1}^{q} P_{i,n} P_{j,n} \left(\int_{-\infty}^{\infty} p_i(y/\mathfrak{y}) \ln \frac{p_i(y/\mathfrak{y})}{p_j(y/\mathfrak{y})} \mathrm{d}y + \int_{-\infty}^{\infty} p_j(y/\mathfrak{y}) \ln \frac{p_j(y/\mathfrak{y})}{p_i(y/\mathfrak{y})} \mathrm{d}y \right) \tag{4.24}$$

über. Anstelle von (4.22) empfehlen Box und Hill dann,

$$\max_{\boldsymbol{x} \in V} \overline{\Delta h}(\boldsymbol{x}, V_n) = \overline{\Delta h}(\boldsymbol{x}^*, V_n) \tag{4.25}$$

als Auswahlregel zu verwenden. Damit wird offensichtlich nicht immer eine maximale Entropieänderung erreicht, wie sie in (4.22) angestrebt wird.

Unter Verwendung der Dichtefunktion (4.16) erhält man für $\overline{\Delta h}(\boldsymbol{x}, V_n)$ speziell die Form

$$\overline{\Delta h}(\boldsymbol{x}, V_n) = \frac{1}{2} \sum_{i=1}^{q} \sum_{j=i+1}^{q} P_{i,n} P_{j,n} \left\{ \frac{(s_i^2 - s_j^2)^2}{(\sigma^2 + s_i^2)(\sigma^2 + s_j^2)} + \left(\hat{\eta}^{(i)}(\boldsymbol{x}, \hat{\vartheta}^{(i)}) - \hat{\eta}^{(j)}(\boldsymbol{x}, \hat{\vartheta}^{(j)})\right)^2 \left(\frac{1}{\sigma^2 + s_i^2} + \frac{1}{\sigma^2 + s_j^2} \right) \right\}. \tag{4.26}$$

Das sequentielle Verfahren wird abgebrochen, wenn für ein $N = n, n + 1, \ldots$ eine der a-posteriori-Wahrscheinlichkeiten $P_{i,N}$ für einen Ansatz $\tilde{\eta}^{(i)}(\boldsymbol{x}, \Theta^{(i)})$ wesentlich größer als die übrigen ausfällt, d. h. $P_{i,N} \gg P_{j,N}$ $(i \neq j, j = 1, \ldots, q)$. Quantitative Stopregeln (z. B. Abbruch, wenn $P_{i,N} > 0{,}8$) wurden noch nicht untersucht.

In vielen praktischen Anwendungen hat dieses Verfahren bereits zu guten Ergebnissen geführt. Das Beispiel wurde Box/Hill [1] entnommen (siehe Seite 169).

4.2.4. Entropie und lokale D-Optimalität

In den meisten praktischen Anwendungen ist nicht nur eine Diskrimination der Ansätze von Interesse, sondern auch eine Schätzung der Parameter für den besten Ansatz. Es ist daher ein Optimalitätskriterium wünschenswert, das die Konstruktion eines Versuchsplans ermöglicht, der beiden Anforderungen gerecht wird.

Für die Diskrimination von Ansätzen wurde nicht vorausgesetzt, daß die konkurrierenden Ansätze linear sind, es wurde eine approximative Linearität in Θ gefordert. Daher sollen auch für das Schätzproblem solche nichtlinearen Ansätze behandelt werden.

Als Optimalitätskriterium für die Parameterschätzung soll die lokale D-Optimalität verwendet werden, d. h. anstelle der Matrix $\boldsymbol{F}$ eines linearen Ansatzes (vgl. (1.10)) wird eine Matrix $\boldsymbol{F}(\Theta)$ mit den Elementen

$$f_{ij}(\Theta) = \frac{\partial \tilde{\eta}(\boldsymbol{x}_j, \Theta)}{\partial \Theta_i}, \quad i = 1, \ldots, r, \tag{4.27}$$

betrachtet. Damit wird die lokale Informationsmatrix

$$\boldsymbol{M}(V_n, \Theta) = \frac{1}{n} \boldsymbol{F}(\Theta)' \boldsymbol{F}(\Theta) \tag{4.28}$$

gebildet. Ausgehend von einer a priori gegebenen Näherung $\tilde{\vartheta}$ für Θ^*, den wahren Parametervektor, heißt $V_n^*(\tilde{\vartheta})$

ein *lokal D-optimaler Plan* bezüglich $\tilde{\vartheta}$, wenn gilt

$$\det\left(\boldsymbol{M}^{-1}\left(V_n^*(\tilde{\vartheta}), \tilde{\vartheta}\right)\right) = \min_{V_n \in \{V_n\}} \det\left(\boldsymbol{M}^{-1}(V_n, \tilde{\vartheta})\right). \quad (4.29)$$

Bekanntlich ist dann auch

$$\det\left(\boldsymbol{M}\left(V_n^*(\tilde{\vartheta}), \tilde{\vartheta}\right)\right) = \max_{V_n \in \{V_n\}} \det\left(\boldsymbol{M}(V_n, \tilde{\vartheta})\right). \quad (4.30)$$

Mit dieser Definition kann man ein sequentielles Schätzverfahren mit Versuchsplanung aufbauen. Es sei $\hat{\vartheta}\left(V_n^*(\tilde{\vartheta})\right)$ der Schätzwert, den man mit der a-priori-Näherung nach der Realisierung von $V_n^*(\tilde{\vartheta}) = \left(\boldsymbol{x}_1^*(\tilde{\vartheta}), \ldots, \boldsymbol{x}_n^*(\tilde{\vartheta})\right)$ erhält. Der nächste Versuchspunkt $\boldsymbol{x}_{n+1}$ wird analog zu (4.30) aus der Forderung

$$\det\left(\boldsymbol{M}\left(V_{n+1}^*\left(\hat{\vartheta}(V_n^*)\right), \hat{\vartheta}(V_n^*)\right)\right) = \max_{\boldsymbol{x}_{n+1} \in V} \left(\det \boldsymbol{M}\left(V_{n+1}, \hat{\vartheta}(V_n^*)\right)\right) \quad (4.31)$$

bestimmt, wobei das Maximum über die Menge aller derjenigen V_{n+1} mit $V_{n+1} = \left(\boldsymbol{x}_1^*(\tilde{\vartheta}), \ldots, \boldsymbol{x}_n^*(\tilde{\vartheta}), \boldsymbol{x}_{n+1}\right)$, $\boldsymbol{x}_{n+1} \in V$ zu nehmen ist. Dieses Sequentialverfahren wird z. B. in Box/Lucas [1] ausführlich beschrieben.

Wie im Abschnitt 4.2.3. seien für die Wirkungsfläche $\eta(\boldsymbol{x})$ die konkurrierenden Ansätze $\tilde{\eta}^{(k)}(\boldsymbol{x}, \boldsymbol{\Theta}^{(k)})$, $k = 1, \ldots, q$ gegeben. Weiterhin seien für jeden der Ansätze eine a-priori-Wahrscheinlichkeit P_k und eine a-priori-Näherung $\tilde{\vartheta}^{(k)}$ des Parametervektors bekannt. Damit ist bezüglich der Diskrimination der Ansätze das Verfahren aus Abschnitt 4.2.3. anwendbar und für die Schätzung in jedem einzelnen Ansatz könnte das vorstehende Verfahren mit lokaler D-optimaler Versuchsplanung angewandt werden. Beide Verfahren sind sequentiell und lassen sich daher bei der Auswahl des nächsten Versuchspunktes $\boldsymbol{x}_{n+1}$ kombinieren.

Es sei der Versuchsplan V_n durchgeführt worden. Dann betrachtet man für den k-ten Ansatz

$$U_k\left(\boldsymbol{x}_{n+1}, \hat{\vartheta}^{(k)}(V_n)\right) = \det\left(\boldsymbol{M}_k\left(V_{n+1}, \hat{\vartheta}^{(k)}(V_n)\right)\right) \quad (4.32)$$

mit V_{n+1} wie in (4.31) und

$$U_k^* = \max_{\boldsymbol{x}_{n+1} \in V} U_k\left(\boldsymbol{x}_{n+1}, \hat{\vartheta}^{(k)}(V_n)\right). \qquad (4.33)$$

Nach (4.33) würde also der lokal D-optimale nächste Versuchspunkt für den Ansatz $\tilde{\eta}^{(k)}(\boldsymbol{x}, \Theta^{(k)})$ bestimmt.

Eine Funktion, die im Rahmen der lokalen D-Optimalität alle q Ansätze für diese Auswahl von $\boldsymbol{x}_{n+1}$ heranzieht, ist z. B. durch

$$U(\boldsymbol{x}_{n+1}) = \sum_{k=1}^{q} P_{k,n} \frac{U_k\left(\boldsymbol{x}_{n+1}, \hat{\vartheta}^{(k)}(V_n)\right)}{U_k^*} \qquad (4.34)$$

definiert.

Andererseits würde für die Diskrimination die Auswahl des Punktes $\boldsymbol{x}_{n+1}$ gemäß (4.25)

$$\max_{\boldsymbol{x} \in V} \overline{\Delta h}(\boldsymbol{x}_{n+1}, V_n) = \overline{\Delta h}(\boldsymbol{x}^*, V_n) = \overline{\Delta h}^* \qquad (4.35)$$

herangezogen. Für das Folgende werde analog zu (4.34)

$$D(\boldsymbol{x}_{n+1}) = \frac{\overline{\Delta h}(\boldsymbol{x}_{n+1}, V_n)}{\overline{\Delta h}^*} \qquad (4.36)$$

gebildet.

Ein gemeinsames Kriterium zur Auswahl von $\boldsymbol{x}_{n+1}$ für die sequentielle Diskrimination von Ansätzen und für die Parameterschätzung kann man mit einer Linearkombination von (4.34) und (4.36) erhalten. In

$$C(\boldsymbol{x}_{n+1}) = w_1 D(\boldsymbol{x}_{n+1}) + w_2 U(\boldsymbol{x}_{n+1}) \qquad (4.37)$$

sind w_1 und w_2 nichtnegative Gewichte, mit denen man den Einfluß der beiden Funktionen auf $C(\boldsymbol{x}_{n+1})$ bewerten kann, so daß z. B. zu Beginn der Versuche die Funktion $D(\boldsymbol{x})$ überwiegt und später die Funktion $U(\boldsymbol{x})$.

Speziell kann man wählen

$$w_1 = [q(1 - P_{l,n})/(q - 1)]^\lambda \quad (0 < \lambda < \infty),$$
$$w_2 = 1 - w_1, \qquad (4.38)$$

wobei $P_{l,n} = \max_k P_{k,n}$. Hierfür erhält man die beiden Sonderfälle:

1. Wenn zu Beginn des Sequentialverfahrens $P_{k,n} = 1/q$ $(k = 1, \ldots, q)$ auftritt, also kein Ansatz bevorzugt wird, dann ergibt sich $w_1 = 1$, $w_2 = 0$. Damit reduziert sich $C(\boldsymbol{x}_{n+1})$ auf $D(\boldsymbol{x}_{n+1})$.
2. Andererseits, wenn eine der a-priori-Wahrscheinlichkeiten $P_{k,n} = 1$ ist, dann erhält man $w_1 = 0$ und $w_2 = 1$ und damit über $C(\boldsymbol{x}_{n+1}) = U(\boldsymbol{x}_{n+1})$ nach (4.34) sogar
$$C(\boldsymbol{x}_{n+1}) = \text{const} \cdot U_k\big(\boldsymbol{x}_{n+1}, \hat{\boldsymbol{\vartheta}}^{(k)}(V_n)\big).$$

Mit dem wählbaren Parameter λ steuert man lediglich die Größenordnung von w_1 und w_2.

Als nächsten Versuchspunkt $\boldsymbol{x}_{n+1}$ wählt man nun denjenigen Punkt $\boldsymbol{x}^{**}$, für den

$$C(\boldsymbol{x}^{**}) = \max_{\boldsymbol{x} \in V} C(\boldsymbol{x}). \tag{4.39}$$

Nach Durchführung eines Versuches bei $\boldsymbol{x}_{n+1} = \boldsymbol{x}^{**}$ werden die a-posteriori-Wahrscheinlichkeiten $P_{k,n+1}$ für die Ansätze und die Schätzwerte $\hat{\boldsymbol{\vartheta}}^{(k)}(V_{n+1})$ für die Parameter in allen Ansätzen berechnet und als a-priori-Wahrscheinlichkeiten bzw. a-priori-Näherungen für die Auswahl des nächsten Punktes verwendet. Für den Abbruch des Verfahrens werden die gleichen Überlegungen wie in Abschnitt 4.2.3. herangezogen. Das folgende Beispiel erläutere das Verfahren (vgl. Hill/Hunter/Wichern [1]).

Für eine chemische Reaktion $A \to B$ soll unter den vier Ansätzen

$$\tilde{\eta}^{(1)} = \exp\left[-x_1 \exp\{\Theta_1^{(1)} - \Theta_2^{(1)} x_2\}\right]$$
$$\tilde{\eta}^{(2)} = [1 + x_1 \exp\{\Theta_1^{(2)} - \Theta_2^{(2)} x_2\}]^{-1}$$
$$\tilde{\eta}^{(3)} = [1 + 2x_1 \exp\{\Theta_1^{(3)} - \Theta_2^{(3)} x_2\}]^{-1/2}$$
$$\tilde{\eta}^{(4)} = [1 + 3x_1 \exp\{\Theta_1^{(4)} - \Theta_2^{(4)} x_2\}]^{-1/2}$$

der beste ausgewählt werden. Die Variable x_1 bedeute dabei die Zeit und $x_2 = \left(\frac{1}{T} - \frac{1}{525}\right)$ ist eine Funktion der Temperatur T. Als Prognosebereich sei $H: 0 < x_1 \leqq 150;\quad 450 \leqq T \leqq 600$ gewählt. Zeit und Temperatur können jeweils nur in Abständen von 25 Einheiten geändert werden, d. h., der Bereich H besteht insgesamt aus 42 Punkten, in denen Versuche durchgeführt werden können. Die a-priori-Wahrscheinlichkeiten sind durch $P_{1,0} = P_{2,0} = P_{3,0} = P_{4,0} = 1/4$ gegeben. Für ein bekanntes $\sigma = 0{,}05$ wurden 4 Anfangsversuche in den Punkten $(x_1, T) = (25; 575), (25; 475), (125; 475), (125; 575)$ durchgeführt. Als a-posteriori-Wahrscheinlichkeiten ergaben sich die Werte: $P_{1,4} = 0{,}0060$, $P_{2,4} = 0{,}4335$, $P_{3,4} = 0{,}4087$, $P_{4,4} = 0{,}1518$. Um den fünften Versuchspunkt festzulegen, wurde die Funktion C für alle 42 möglichen Versuchspunkte berechnet, und es ergab sich der maximale Wert von $C = 0{,}79$ im Punkt (150, 550).

Der $(n+1)$-te Versuch (hier der 5. Versuch) wird also für $x_1 = 150$ und $T = 550$ durchgeführt. Die Ergebnisse der ersten 15 Versuche sind in Tabelle 4.2 zusammengestellt.

Betrachtet man die a-posteriori-Wahrscheinlichkeiten der letzten Zeile in der Tabelle 4.2 und vergleicht sie miteinander, so wird man sich für den Ansatz $\eta^{(2)}$ als besten Ansatz für $\eta(\boldsymbol{x})$ entscheiden.

Tabelle 4.2

n	x_1	T	y	p_1	p_2	p_3	p_4
1	25	575	0,3961				
2	25	475	0,7232				
3	125	475	0,4215				
4	125	575	0,1297	0,0060	0,4335	0,4087	0,1518
5	150	550	0,1504	0,0004	0,5580	0,3740	0,0676
6	25	525	0,5565	0,0001	0,6278	0,3446	0,0275
7	150	450	0,5542	0,0001	0,5011	0,4541	0,0447
8	150	550	0,0671	0,0002	0,9031	0,0953	0,0014
9	25	600	0,3356	0,0002	0,9208	0,0780	0,0009
10	150	450	0,4842	0,0002	0,9312	0,0680	0,0006
11	25	600	0,3140	0,0002	0,9322	0,0671	0,0005
12	150	450	0,5133	0,0002	0,9307	0,0685	0,0006
13	25	600	0,3500	0,0002	0,9386	0,0607	0,0005
14	150	450	0,4936	0,0002	0,9402	0,0592	0,0004
15	25	600	0,3058	0,0002	0,9381	0,0613	0,0004

4.3. c-beschränkte diskrete D- und G-optimale Pläne

Eine andere Möglichkeit, Versuchspläne für die Ansatzdiskrimination zu konstruieren, findet man bei STIGLER [1]. Die Wirkungsfläche $\eta(x)$ soll dabei durch ein Polynom vom Grad k beschrieben werden, und es wird untersucht, ob der Grad des Polynoms für eine hinreichend genaue Näherung ausreichend ist. Die beiden konkurrierenden Ansätze, über die eine Entscheidung gefällt werden soll, unterscheiden sich in der Potenz der Einflußgröße x nur um einen Grad. Es ist

$$\tilde{\eta}^{(1)} = \Theta_0 + \Theta_1 x + \cdots + \Theta_k x^k$$
$$\tilde{\eta}^{(2)} = \Theta_0 + \Theta_1 x + \cdots + \Theta_{k+1} x^{k+1}. \qquad (4.40)$$

Im Unterschied zum Abschnitt 4.2. wird der Konstruktion der Versuchspläne kein Sequentialverfahren mehr zugrunde gelegt. Für den Bereich $V = H = [-1, 1]$ wurden im Kapitel 2. diskrete Versuchspläne zur Schätzung der Parameter Θ_i $(i = 0, \ldots, k + 1)$ konstruiert, die D- und G-optimal sind. Für die weiteren Betrachtungen ist es notwendig, die Definition der D- und der G-Optimalität (vgl. Abschnitt 1.3.) zu erweitern. Dabei sei die Informationsmatrix eines diskreten Versuchsplanes für einen Polynomansatz k-ten Grades mit $\boldsymbol{M}_k(\xi)$ bezeichnet.

Für eine vorgegebene Konstante c heißt ein diskreter Versuchsplan ξ^* *c-beschränkter D-optimaler Plan,* wenn er $\det\left(\boldsymbol{M}_k(\xi)\right)$ maximiert unter der Nebenbedingung $\det\left(\boldsymbol{M}_k(\xi)\right) \leqq c \det\left(\boldsymbol{M}_{k+1}(\xi)\right)$.

Ein diskreter Versuchsplan ξ^* heißt ein *c-beschränkter G-optimaler Plan,* wenn er $\max\limits_{x \in V} D^2\hat{Y}(\boldsymbol{x})$ minimiert unter der Nebenbedingung $\det\left(\boldsymbol{M}_k(\xi)\right) \leqq c \det\left(\boldsymbol{M}_{k+1}(\xi)\right)$, die von einer vorgegebenen Konstanten c abhängt.

Mit anderen Worten heißt das, der Versuchsplan für einen Regressionsansatz (4.40) vom Grad k soll zusätzlich der Bedingung

$$D^2\hat{\Theta}_{k+1} \leqq c\,\frac{\sigma^2}{n} \tag{4.41}$$

genügen. Dabei ist σ^2 die Varianz der zufälligen normalverteilten Fehler des Regressionsmodells und $nD^2\hat{\Theta}_{k+1}$ ergibt sich aus dem Element $b_{k+1,k+1}$ der Kovarianzmatrix $\boldsymbol{B}_{\hat{\Theta}} = \sigma^2(\boldsymbol{F}'\boldsymbol{F})^{-1}$

$$nD^2\hat{\Theta}_{k+1} = \sigma^2\,\frac{\det\left(\boldsymbol{M}_k(\xi)\right)}{\det\left(\boldsymbol{M}_{k+1}(\xi)\right)}. \tag{4.42}$$

Die Konstruktion eines Versuchsplanes hängt also hier von der Wahl der Konstanten c ab. Wenn $c \to \infty$ gilt, dann wird ein c-beschränkter D-optimaler Plan identisch mit einem D-optimalen Plan für ein Polynom vom Grad k. Wenn $c = c_0$ (c_0 untere Schranke für c (vgl. etwa (4.45)) gilt, dann ist der c-beschränkte D-optimale Plan identisch mit einem optimalen Plan zur Schätzung des Parameters Θ_{k+1} (vgl. C-Optimalität in Abschnitt 1.3.). Analog gilt das Gesagte auch für die G-Optimalität.

Um die in diesem Abschnitt betrachteten Versuchspläne konstruieren zu können, nutzt man aus, daß die Menge aller Versuchspläne, die der Bedingung $\det\left(\boldsymbol{M}_k(\xi)\right) \leqq c \det\left(\boldsymbol{M}_{k+1}(\xi)\right)$ genügen, konvex ist. In dieser konvexen Menge bilden die D- und die G-optimalen Pläne Teilmengen, die ebenfalls konvex sind (vgl. Stigler [1]). Nach einem Satz von Kiefer (vgl. Kiefer [2]) kann man sich wegen (4.40) auf Versuchspläne beschränken, die symmetrisch zum Nullpunkt sind. Die Elemente der Informationsmatrix $\boldsymbol{M}_k(\xi)$ werden auch als *Momente* bezeichnet, und wegen des speziellen Ansatzes gilt

$$((m_{ij})) = \left(\left(\int_{-1}^{1} x^{i+j-2} d\xi\right)\right) = ((\mu_{i+j-2})).$$

Es kann gezeigt werden, daß die hier betrachteten Optimalitätskriterien nur von den Momenten μ_k mit geradem Index abhängen, die Momente mit ungeradem Index sind Null (vgl. Karlin/Shapley [1] und Shohat/Tamarkin [1]).

Die Berechnung eines c-beschränkten D- und G-optimalen Planes sei der Einfachheit halber nur für ein Polynom 1. Grades $\tilde{\eta}^{(1)} = \Theta_0 + \Theta_1 x$ durchgeführt. Für die Determinanten der Informationsmatrizen erhält man:

$$\text{für} \quad k = 1 \quad \det\left(\boldsymbol{M}_1(\xi)\right) = \begin{vmatrix} 1 & 0 \\ 0 & \mu_2 \end{vmatrix} = \mu_2 \tag{4.43}$$

$$\text{für} \quad k = 2 \quad \det\left(\boldsymbol{M}_2(\xi)\right) = \begin{vmatrix} 1 & 0 & \mu_2 \\ 0 & \mu_2 & 0 \\ \mu_2 & 0 & \mu_4 \end{vmatrix} = \mu_2(\mu_4 - \mu_2^2) . \tag{4.44}$$

Für die Konstruktion eines c-beschränkten D-optimalen Planes ergibt sich somit, daß μ_2 maximiert werden muß unter der Nebenbedingung $\mu_4 - \mu_2^2 \geqq \frac{1}{c}$. Für den Fall $k = 1$ sind der D-optimale und der G-optimale Plan identisch, für $c \geqq 4$ erhält man

$$\xi^* = \begin{Bmatrix} -1 & 0 & 1 \\ \frac{1}{4} + \frac{1}{2}\sqrt{\frac{1}{4} - \frac{1}{c}} & \frac{1}{2} - \sqrt{\frac{1}{4} - \frac{1}{c}} & \frac{1}{4} + \frac{1}{2}\sqrt{\frac{1}{4} - \frac{1}{c}} \end{Bmatrix} . \tag{4.45}$$

Falls in (4.45) $c \to \infty$, dann erhält man einen D-optimalen Plan für $\tilde{\eta}^{(1)}$

$$\xi^* = \begin{Bmatrix} -1 & 1 \\ 1/2 & 1/2 \end{Bmatrix} \tag{4.46}$$

und für $c = 4$ einen optimalen Plan zur Schätzung von Θ_2 im Modell $\tilde{\eta}^{(2)} = \Theta_0 + \Theta_1 x + \Theta_2 x^2$ (vgl. Abschnitt 1.3.)

$$\xi^* = \begin{Bmatrix} -1 & 0 & 1 \\ 1/4 & 1/2 & 1/4 \end{Bmatrix} . \tag{4.47}$$

Zur Wahl von c kann man den Begriff der Effizienz heranziehen.

Es sei ein Polynom vom Grad k als Regressionsansatz gewählt. Dann bezeichnet man als *D-Effizienz* eines Versuchsplanes ξ die Größe

$$e_k^D = \left[\frac{\det\left(\boldsymbol{M}_k(\xi)\right)}{\max\limits_{\xi \in \{\xi\}} \det\left(\boldsymbol{M}_k(\xi)\right)} \right]^{\frac{1}{k+1}} \tag{4.48}$$

und als *G-Effizienz* eines Planes ξ

$$e_k^G = \frac{k+1}{\max\limits_{x \in V} D^2\hat{Y}(x)}. \tag{4.49}$$

Für den Versuchsplan ξ^* aus (4.45) erhält man die in Abbildung 4.2 veranschaulichten Effizienzen in Abhängigkeit von der Konstanten c. Zieht man zu den weiteren Betrachtungen die Gütefunktion (power function) des Testes für die Hypothese $\Theta_2 = 0$ hinzu, dann kann man die Konstante c in Abhängigkeit von der Versuchsanzahl n angeben. Für ein vorgegebenes n kann somit c bestimmt werden, und daraus wiederum die Effizienzen e_k^D und e_k^G. Um eine Entscheidung fällen zu

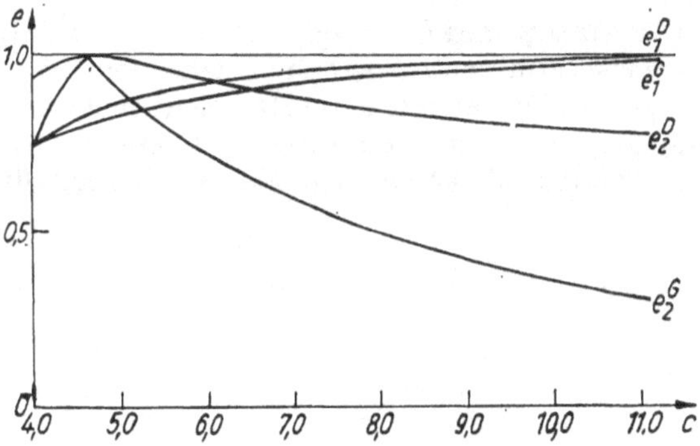

Abb. 4.2. Effizienzen der c-beschränkten D- und G-optimalen Versuchspläne (nach Stigler [1])

können, welcher Ansatz $\tilde{\eta}^{(i)}(x, \Theta^{(i)})$ $(i = 1, 2)$ der beste ist für $\eta(x)$, d. h., welchen Grad k das Polynom des Ansatzes haben muß, führt man einen entsprechenden Test für die Parameter Θ_i durch.

4.4. *Weitere Probleme*

Die in diesem Kapitel vorgestellten Verfahren zur Ansatzdiskrimination sind nur eine Auswahl aus den in der Literatur behandelten Möglichkeiten. Vor allem in FEDOROV [3] findet man viele Hinweise auf andere Kriterien sowohl zur Auswahl des $(n + 1)$-ten Versuchspunktes als auch zur Entscheidung über den Modellansatz. In ATWOOD [2] wird ein Verfahren vorgeschlagen, das als eine Erweiterung der von STIGLER verwendeten Prozedur angesehen werden kann. Es wird

$$\tilde{\eta}(x, \Theta) = \Theta_0 + \Theta_1 x + \Theta_2 x^2 + \cdots + \Theta_s x^s + \Theta_{s+1} x^{s+1} + \cdots + \Theta_k x^k$$

betrachtet und untersucht, wann $(\Theta_{s+1}, \ldots, \Theta_k)' = \mathbf{0}$ gilt und daher der Polynomansatz s-ten Grades gewählt werden kann.

Ein von ATKINSON und COX (vgl. ATKINSON/COX [1]) vorgeschlagenes Verfahren ist besonders dann von Interesse, wenn die konkurrierenden Ansätze nicht mehr disjunkt sind. Den Überlegungen wird dann ein Ansatz zugrunde gelegt, der alle konkurrierenden als Spezialfälle enthält.

Beispiel zu Abschn. 4.2.3, Seite 159

Für $\eta(x)$ sind die vier Regressionsansätze ($q = 4$) gegeben:

$$\tilde{\eta}^{(1)} = \Theta_1^{(1)} x$$

$$\tilde{\eta}^{(2)} = \Theta_1^{(2)} + \Theta_2^{(2)} x$$

$$\tilde{\eta}^{(3)} = \Theta_1^{(3)} + \Theta_2^{(3)} x + \Theta_3^{(3)} x^2$$

$$\tilde{\eta}^{(4)} = \Theta_1^{(4)} x + \Theta_2^{(4)} x^2.$$

Die Varianz der Fehler sei $\sigma^2 = 1$ und $V = H = [0, 4]$. Als Anfangsplan wurde $V_5 = (0, 1, 2, 3, 4)$ benutzt. Die Ergebnisse der ersten 9 Versuche findet man in Tabelle 4.1. Aus der letzten Zeile der Tabelle 4.1 erkennt man, daß die Wahrscheinlichkeit $P_{3,9}$ wesentlich größer als die anderen Wahrscheinlichkeiten ist. Deshalb wird man sich hierbei für den Ansatz $\tilde{\eta}^{(3)}$ als besten Ansatz für $\eta(x)$ entscheiden.

Tabelle 4.1

n	x	p_1	p_2	p_3	p_4
0	–	0,2500	0,2500	0,2500	0,2500
1	0				
2	1				
3	2				
4	3				
5	4	0,0024	0,0058	0,66	0,33
6	0	0,0009	0,0012	0,88	0,12
7	0	0	0	0,75	0,25
8	0	0	0	0,90	0,10
9	0	0	0	0,97	0,03

Literatur

ANDERSON, T. W. [1]: An introduction to multivariate statistica analysis, New York 1958 (russ. Übers. Moskau 1963).

ATKINSON, A./COX, D. R. [1]: Planning experiments for discriminating between models, Journ. Roy. Statist. Soc. Ser. B, **36** (1974), 1–7.

ATKINSON, A./HUNTER, W. G. [1]: The design of experiments for parameter estimation, Technometrics **10** (1968), 271–289.

ATWOOD, C. L. [1]: Optimal and efficient design of experiments, Ann. Math. Stat. **40** (1969), 1570–1602.

[2]: Robust procedures for estimating polynomial regression, Journ. Amer. Statist. Assoc. **66** (1971), 855–860.

BANDEMER, H. [1]: Optimale Wahl der Abszissenwerte für die lineare Regression bei gegebener Kostenfunktion, Math. OF Stat. **1** (1970), 297–308.

BLACKWELL, D. [1]: Comparison of experiments, Proc. Second Berkeley Symp., vol. 1, 93–102, Berkeley–Los Angeles 1951.

BOX, G. E. P. [1]: Multifactor designs of first order, Biometrika **39** (1952), 49–57.

[2]: Evolutionary operation: a method for increasing industrial productivity, Appl. Statist. **6** (1957), 81–101.

BOX, M. J. [3]: Planning experiments to test the adequacy of nonlinear models, Appl. Statist. **18** (1969), 241–248.

[4]: Simplified experimental design, Technometrics **13** (1971), 19–31.

[5]: An experimental design criterion for precise estimation of a subset of the parameters in a nonlinear model, Biometrika **58** (1971), 149–153.

BOX, G. E. P./BEHNKEN, D. W. [1]: Simplex-sum designs: a class of second order rotatable designs derivable from those of first order, Ann. Math. Stat. **31** (1960), 838–864.

BOX, G. E. P./DRAPER, N. R. [1]: A basis for the selection of a response surface design, Journ. Amer. Statist. Assoc. **54** (1959), 622–654.

[2]: The choice of a second order rotatable design, Biometrika **50** (1963), 335–352.

Box, G. E. P./Hill, W. J. [1]: Discrimination among mechanistic models, Technometrics **9** (1967), 57–71.

Box, G. E. P./Hunter, J. S. [1]: Multi-factor experimental designs for exploring response surfaces, Ann. Math. Stat. **28** (1957), 195–241.

[2]: The 2^{k-p} fractional factorial designs, Part I, Technometrics **3** (1961), 311–351.

[3]: The 2^{k-p} fractional factorial designs, Part II, Technometrics **3** (1961), 449–458.

Box, G. E. P./Hunter, W. G. [4]: Sequential design of experiments for nonlinear models, Proceedings of the IBM scientific computing symposium on statistics, oct. 1963, New York 1965.

Box, G. E. P./Lucas, H. L. [1]: Design of experiments in nonlinear situations, Biometrika **46** (1959), 77–90.

Box, G. E. P./Wilson, K. B. [1]: On the experimental attainment of optimum conditions, Journ. Roy. Statist. Soc., Ser. B, **13** (1951), 1–45.

Brodsky, V. Z./Golikova, T. I. [1]: D-optimal designs for a special case of linear regression, Preprint No. 14, Moscow 1971.

Chernoff, H. [1]: Locally optimal designs for estimating parameters, Ann. Math. Stat. **24** (1953), 586–602.

[2]: Sequential design of experiments, Ann. Math. Stat. **30** (1959), 755–770.

Chomjakov, P. P./Želtova, V. I./Adler, Ju. P./Nalimov, V. V. [1]: Izučenie teploprovodnosti vozgonov, obrazujuščichsja pri chlorirovanii titanovogo šlaka v rasplave, Zavodskaja laboratorija **29** (1963), 330–331.

Covey-Crump, P. A. K./Silvey, S. D. [1]: Optimal regression designs with previous observations, Biometrika **57** (1970), 551–566.

Cox, D. R. [1]: Tests of separate families of hypotheses, Proc. Fourth Berkeley Symp., vol. 1, 105–123, Berkeley – Los Angeles 1961.

[2]: A note on polynomial response functions for mixtures, Biometrika **58** (1971), 155–159.

David, H. A./Arens, B. E. [1]: Optimal spacing in regression analysis, Ann. Math. Stat. **30** (1959), 1072–1081.

Davies, O. L. [1]: The design and analysis of industrial experiments, London 1960.

De La Garza, A. [1]: Spacing of information in polynomial regression, Ann. Math. Stat. **25** (1954), 123–130.

Draper, N. R./Smith, H. [1]: Applied regression analysis, New York, London, Sydney 1966.

Dubova, I. S./Pckialadze, T. V./Fedorov, V. V. [1]: Tablicy optimal'nych planov I, Preprint No. 16, Moskva 1970.

Ehrenfeld, S. [1]: Complete class theorems in experimental design, Proc. Third Berkeley Symp., vol. 1, 57–67, Berkeley–Los Angeles 1955.

[2]: On the efficiency of experimental designs, Ann. Math. Stat. **26** (1955), 247–255.

Elfving, G. [1]: Optimum allocation in linear regression theory, Ann. Math. Stat. **23** (1952), 255–262.

[2]: Geometric allocation theory, Skand. Akt. **37** (1955), 170–190.

[3]: Design of linear experiments; Probability and Statistics (Cramér volume), 58–74, New York 1959.

Enderlein, G. [1]: Zur Anwendung der Vorhersagebestimmtheit zum Aufbau und zur Reduktion des Modellansatzes in der Regressionsanalyse, Biometr. Zeitschr. **13** (1971), 130–156.

Fabian, H./Jung, W. [1]: Zur Affininvarianz optimaler Versuchspläne, Freiberger Forschungshefte D 89 (1975), 109–114.

Farrell, R. H./Kiefer, J./Walbran, A. [1]: Optimum multivariate designs, Proc. Fifth Berkeley Symp., vol. 1, 113–138, Berkeley – Los Angeles 1967.

Fedorov, V. V. [1]: Planirovanie ėksperimentov pri izučenii mechanizma javlenij, Zavodskaja Laboratorija **34** (1968), 314–319.

[2]: Planirovanie ėksperimentov po razlićeniju gipotez-krivych pri pomošči metoda otnošenija verojatnostej, Zavodskaja Laboratorija **34** (1968), 320–324.

[3]: Teorija optimal'nogo ėksperimenta, Moskva 1971.

[4]: Lokal'no-optimal'nye posledovatel'nye plany diskriminirujuščich ėksperimentov, Preprint No. 11, Moskva 1970.

[5]: Planirovanie ėksperimentov pri linejnych kriterijach optimal'nosti, Teor. ver. i ee prim. **16** (1971), 189–195.

[6]: Asimptotičeski optimal'nye plany ėksperimentov po diskriminacii dvuch konkurirujuščich regressionnych modelej, Teor. ver. i ee prim. **16** (1971), 576–577.

Finney, D. J. [1]: An introduction to the theory of experimental design, Chicago 1960 (russ. Übers. Moskau 1970).

FISHER, R. A. [1]: The design of experiments, Edinburgh 1935.

GOLDBERGER, A. S. [1]: Econometric theory, New York, London, Sydney 1964.

GUEST, P. G. [1]: The spacing of observations in polynomial regression, Ann. Math. Stat. **29** (1958), 294–299.

HARTLEY, H. O. [1]: Smallest composite designs for quadratic response surfaces, Biometrics **15** (1959), 611–624.

HERZBERG, A. M./COX, D. R. [1]: Recent work on the design of experiments: a bibliography and a review, Journ. Roy. Statist. Soc., Ser. A, **132** (1969), 29–67.

HILL, W. J./HUNTER, W. G. [1]: A review of response surface methodology: a literature survey, Technometrics **8** (1966), 571–590.

HILL, W. J./HUNTER, W. G./WICHERN, D. W. [1]: A joint design criterion for the dual problem of model discrimination and parameter estimation, Technometrics **10** (1968), 145–160.

HIMMELBLAU, D. M. [1]: Process analysis by statistical methods, New York 1970 (russ. Übers. Moskau 1973).

HOEL, P. G. [1]: Efficiency problems in polynomial estimation, Ann. Math. Stat. **29** (1958), 1134–1145.
[2]: Asymptotic efficiency in polynomial estimation, Ann. Math. Stat. **32** (1961), 1042–1047.
[3]: Minimax designs in two dimensional regression, Ann. Math. Stat. **36** (1965), 1097–1106.
[4]: Optimum designs for polynomial extrapolation, Ann. Math. Stat. **36** (1965), 1483–1493.

HOEL, P. G./LEVINE, A. [1]: Optimal spacing and weighting in polynomial prediction, Ann. Math. Stat. **35** (1964), 1553–1560.

HOHMANN, G./JUNG, W. [1]: On sequential and non-sequential D-optimal design, Biometr. Zeitschr., **17** (1975), 329–336.

HUNTER, W. G./KITTRELL, J. R. [1]: Evolutionary operation: a review, Technometrics **8** (1966), 389–397.

HUNTER, W. G./REINER, A. M. [1]: Designs for discriminating between two rival models, Technometrics **7** (1965), 307–323.

JUNG, W. [1]: G-optimale Versuchsplanung für die Regressionsgerade $y(x) = \Theta_1 + \Theta_2 x$, Biometr. Zeitschr. **13** (1971), 369–375.
[2]: Kostenoptimale Versuchsplanung im Regressionsmodell, Biometr. Zeitschr. **17** (1974), 31–47.

KARLIN, S./SHAPLEY, L. S. [1]: Geometry of moment spaces, Mem. Amer. Math. Soc. **12** (1953).

KARLIN, S./STUDDEN, W. J. [1]: Tchebycheff systems, New York 1966.

[2]: Optimal experimental designs, Ann. Math. Stat. **37** (1966), 783—815.

KARSON, M. J. [1]: Design criterion for minimum bias estimation of response surfaces, Journ. Amer. Statist. Assoc. **65** (1970), 1565—1572.

KAWAMURA, K. [1]: Asymptotic behavior of sequential design with costs of experiments, Kōdai Math. Sem. Reports **16** (1964), 169—182.

KIEFER, J. [1]: On the nonrandomized optimality and randomized nonoptimality of symmetrical designs, Ann. Math. Stat. **29** (1958), 675—699.

[2]: Optimum experimental designs, Journ. Roy. Statist. Soc., Ser. B, **21** (1959), 272—319.

[3]: Optimum designs in regression problems II, Ann. Math. Stat. **32** (1961), 298—325.

[4]: Optimum experimental designs V, with applications to systematic and rotatable designs, Proc. Fourth Berkeley Symp., vol. 1, 381—405, Berkeley — Los Angeles 1961.

[5]: Two more criteria equivalent to D-optimality of designs, Ann. Math. Stat. **33** (1962), 792—796.

[6]: An extremum result, Canad. Journ. Math. **14** (1962), 597—601.

KIEFER, J./WOLFOWITZ, J. [1]: Optimum designs in regression problems, Ann. Math. Stat. **30** (1959), 271—294.

[2]: The equivalence of two extremum problems, Canad. Journ. Math. **12** (1960), 363—366.

[3]: On a theorem Hoel and Levine on extrapolation designs, Ann. Math. Stat. **36** (1965), 1627—1655.

KOMMISSAROVA, L. N./GRANOVSKIJ, JU. V./PRUTKOVA, N. M./ ADLER, JU. P./NALIMOV, V. V./SPICYN, V. I. [1]: Opredelenie optimal'nych uslovij ėkstrakcii mikrokoličestv gafnija tributilfosfatom, Zavodskaja Laboratorija, **29** (1963), 65—68.

KÔNO, K. [1]: Optimum design for quadratic regression on k-cube, Mem. Fac. Sci., Kyushu Univ., Ser. A, **16** (1962), 114—122.

KULLBACK, S. [1]: Information theory and statistics, New York, London 1959 (russ. Übers. Moskau 1967).

KUSSMAUL, K. [1]: Protection against assuming the wrong degree in polynomial regression, Technometrics **11** (1969), 677—682.

LEHMANN, E. L. [1]: Testing statistical hypotheses, New York, London 1959 (russ. Übers. Moskau 1964).

LINDER, A. [1]: Planen und Auswerten von Versuchen, Basel, Stuttgart 1969.

LINDLEY, D. V. [1]: On a measure of the information provided by an experiment, Ann. Math. Stat. **27** (1956), 986–1005.

LINNIK, J. W. [1]: Methode der kleinsten Quadrate in moderner Darstellung, Berlin 1961.

MALJUTOV, M. B./FEDOROV, V. V. [1]: O planach vzvešennoj polinomial'noj regressii s minimal'noj srednej dispersiej, Teor. ver. i ee prim. **16** (1971), 734–738.

MALLOWS, C. L. [1]: The information in an experiment, Journ. Roy. Statist. Soc., Ser. B, **21** (1959), 67–72.

MEETER, D./PIRIE, W./BLOT, W. [1]: A comparison of two model-discrimination criteria, Technometrics **12** (1970), 457–470.

MURTY, J. S./DAS, M. N. [1]: Design and analysis of experiments with mixtures, Ann. Math. Stat. **39** (1968), 1517–1539.

MURTY, V. N. [1]: Minimax designs, Journ. Amer. Statist. Assoc. **66** (1971), 319–320.

NALIMOV, V. V. [1]: Novye idei v planirovanii ėksperimenta, Moskva 1969.

[2]: Teorija ėksperimenta, Moskva 1971.

NALIMOV, V. V./ČERNOVA, N. A. [1]: Statističeskie metody planirovanija ėkstremal'nych ėksperimentov, Moskva 1965.

NALIMOV, V. V./GOLIKOVA, T. I. [1]: Logičeskie osnovanija planirovanija ėksperimenta, Preprint 20, Moskva 1971.

NALIMOV, V. V./GOLIKOVA, T. I./MIKESHINA, N. G. [1]: On practical use of the concept of D-optimality, Technometrics **12** (1970), 799–812.

PALEY, R. E. A. C. [1]: On orthogonal matrices, Journ. Math. and Phys. **12** (1933), 311–320.

PLACKETT, R. L. [1]: Principles of regression analysis, Oxford 1960.

PLACKETT, R. L./BURMAN, J. P. [1]: The design of optimum multifactorial experiments, Biometrika **33** (1946), 305–325.

RAO, C. R. [1]: Linear statistical inference and its applications, New York 1965 (russ. Übers. Moskau 1968, deutsche Übers. Berlin 1973).

RENYI, A. [1]: Wahrscheinlichkeitsrechnung, mit einem Anhang über Informationstheorie, Berlin 1966.

SACKS, J./YLVISAKER, D. [1]: Designs for regression problems with correlated errors, Ann. Math. Stat. **37** (1966), 66—89.
[2]: Designs for regression problems with correlated errors; many parameters, Ann. Math. Stat. **39** (1968), 49—69.
[3]: Designs for regression problems with correlated errors III Ann. Math. Stat. **41** (1970), 2057—2074.

SCHEFFÉ, H. [1]: Experiments with mixtures, Journ. Roy. Statist. Soc., Ser. B, **20** (1958), 344—360.
[2]: The analysis of variance, New York 1959.

SHOHAT, J. A./TAMARKIN, J. D. [1]: The problem of moments, New York 1943.

SIMONOVA, E. G. [1]: Planirovanie ėksperimenta (Literatura na russkom i ukrainskom jazykach za 1965—1969 gg.), Moskva 1969.

SINHA, B. K. [1]: A Bayesian approach to optimum allocation in regression problems, Calcutta Statist. Assoc. Bull. **19** (1970), 45—52.

SMITH, K. [1]: On the standard deviations of adjusted and interpolated values of an observed polynomial function and its constants and the guidance they give towards a proper choice of the distribution of observations, Biometrika **12** (1918), 1—85.

SOKOLOV, S. N. [1]: Nepreryvnoe planirovanie regressionnych ėksperimentov I, Teor. ver. i ee prim. **8** (1963), 95—101.
[2]: Nepreryvnoe planirovanie regressionnych ėksperimentov II, Teor. ver. i ee prim. **8** (1963), 318—324.

STIGLER, S. [1]: Optimal experimental design for polynomial regression, Journ. Amer. Statist. Assoc. **66** (1971), 311—318.

STONE, M. [1]: Application of a measure of information to the design and comparison of regression experiments, Ann. Math. Stat. **30** (1959), 55—70.

STUDDEN, W. J. [1]: Optimal designs on Tchebycheff points, Ann. Math. Stat. **39** (1968), 1435—1447.

URANISI, H. [1]: Optimum design for the special cubic regression on the q-simplex, Mathematical Reports (General Edition Dep., Kyushu-Univ.) **1** (1964) 7—12.

VUČKOV, I. N./ERMURATSKIJ, P. V./KRUG, G. K./LECKIJ, É. K./NIKIFOROV, E. S. [1]: Ob odnom algoritme polučenija D-optimal'nych planov, Trudy Moskovskogo Ordena Lenina Énergetičeskogo Instituta, vyp. **68** (1969), 20—40.

WALD, A. [1]: On the efficient design of statistical investigations, Ann. Math. Stat. **14** (1943), 134—140.

[2]: Sequential analysis, New York 1947 (russ. Übers. Moskau 1960).

Westlake, W. I. [1]: Composite designs based on irregular fractions of factorials, Biometrics **21** (1965), 324–336.

Williams, E. J. [1]: Optimum allocation for estimation of polynomial regression (abstract), Biometrics **14** (1958), 573–574.

Wynn, H. P. [1]: The sequential generation of D-optimum experimental designs, Ann. Math. Stat. **41** (1970), 1655–1664. [2]: Results in the theory and construction of D-optimum experimental designs, Journ. Roy. Statist. Soc. Ser B, **34** (1972), 133–147.

Übersetzung wichtiger Fachausdrücke in die englische und russische Sprache

Adäquatheit	adequacy	адекватность
Affininvarianz	(affine invariance)[1]	(аффинная инвариантность)[2]
Beobachtung	observation	наблюдение
Beziehung	contrast	контраст
definierende ~	defining ~	определяющий
erzeugende ~	generating ~	генерирующий ~
Block	block	блок
Determinante	determinant	детерминант определитель
Diskrimination	discrimination	дискриминация
Drehbarkeit	rotatability	ротатабельность
Entropie	entropy	энтропия
Faktor	factor	фактор
fast-stationärer Bereich	near-stationary region	почти стационарная область
Fehler	error	ошибка
systematischer ~	bias	систематическая ~
zufälliger ~	random ~	случайная ~
Informationsmatrix	information matrix	информационная матрица
Likelihoodfunktion	likelihood function	функция правдоподобия
Methode der kleinsten Quadrate	method of least squares	метод наименьших квадратов
Mixtur	mixture	смесь
Modell	model	модель
Optimalitätskriterium	criterion of optimality	критерий оптимальности
Orthogonalität	orthogonality	ортогональность
Prognosebereich	(domain of forecast)	(область предсказаний)

[1]) proposal

[2]) предложение

Regressionsansatz	regression setup	регрессионная функция
konkurrierender ~	alternativ ~ rival ~	конкурирующая ~
wahrer ~	true ~	истинная ~
Schätzung	estimation	оценка
beste lineare erwartungstreue ~	best linear unbiased ~	наилучшая линейная несмещенная ~
Sequentialverfahren	sequential procedure	последовательная процедура
Spektrum	spectrum	спектр
steilster Anstieg	steepest ascent	крутое восхождение
Sternpunkt	star point	звёздная точка
Stufe	level	уровень
Varianz	variance	дисперсия
Vermengung	confounding	смешивание
Versuch	trial	опыт
Versuchsbereich	(experimental domain)	(область опытов)
Versuchsplan	design	план
diskreter ~	approximate ~ discrete ~	непрерывный ~
faktorieller ~	factorial ~	факторный ~
teilweiser ~ ~	fractional ~ ~	дробный ~ ~
vollständiger ~ ~	complete ~ ~	полный ~ ~
gesättigter ~	saturated ~	насыщенная ~
konkreter ~	exact ~ nonasymptotic ~	точный ~
sequentieller ~	sequential ~	последовательный ~
stetiger ~	approximate ~ discrete ~	непрерывный ~
zusammengesetzter ~	composite ~	композиционный ~
zentral ~ ~	central ~ ~	центральный ~ ~
Versuchsplanung	design of experiments	планирование эксперимента
Wiederholung	replication	реплика
teilweise ~	fractional ~	дробная ~
Wirkung	response effect	отклик эффект
Haupt- ~	main effect	главный эффект
Wechsel- ~	interaction	взаимодействие
Wirkungsfläche	response surface	поверхность отклика
Zulässigkeit	admissibility	допустимость

Sachverzeichnis

Die Autoren

- bringen eine Einführung in die optimale Versuchsplanung für das Regressionsmodell

- geben Methoden und Versuchspläne zur Schätzung der Regressionsparameter und der Wirkungsfläche an

- weisen auf die Wichtigkeit der Theorie in der Chemie, der Verfahrenstechnik, der Steuerungstechnik, der Metallurgie und im Maschinenbau hin

WISSENSCHAFTLICHE TASCHENBÜCHER

FSC
www.fsc.org
MIX
Papier | Fördert gute Waldnutzung
FSC® C083411

Kolibri 360 GmbH
Ferdinand-Jühlke-Straße 7
99095 Erfurt, Deutschland
produktsicherheit@kolibri360.de